# 这才是好看的数学

吴作乐　吴秉翰◎著

北京时代华文书局

**图书在版编目（CIP）数据**

这才是好看的数学 / 吴作乐，吴秉翰著 . — 北京 ： 北京时代华文书局，2019. 12（2020. 9 重印）

ISBN 978-7-5699-3280-5

Ⅰ . ①这… Ⅱ . ①吴… ②吴… Ⅲ . ①数学—普及读物 Ⅳ . ① 01-49

中国版本图书馆 CIP 数据核字（2019）第 257534 号

北京市版权局著作权合同登记号 图字：01-2019-4296

本书爲五南圖書出版股份有限公司授權北京時代華文書局有限公司在中國大陸出版發行簡體字版本。

# 这 才 是 好 看 的 数 学

ZHE CAISHI HAOKAN DE SHUXUE

著　　者 | 吴作乐　吴秉翰

出 版 人 | 陈　涛
选题策划 | 张超峰
责任编辑 | 张超峰
封面设计 | 红杉林文化
版式设计 | 王艾迪
责任印制 | 刘　银

出版发行 | 北京时代华文书局 http://www.bjsdsj.com.cn
　　　　　北京市东城区安定门外大街 136 号皇城国际大厦 A 座 8 楼
　　　　　邮编：100011　电话：010-64267955　64267677
印　　刷 | 小森印刷（北京）有限公司　010 - 80215073
　　　　　（如发现印装质量问题，请与印刷厂联系调换）
开　　本 | 880mm×1230mm　1/32　印　张 | 7.25　字　　数 | 100 千字
版　　次 | 2020 年 4 月第 1 版　印　　次 | 2020 年 9 月第 2 次印刷
书　　号 | ISBN 978-7-5699-3280-5
定　　价 | 48.00 元

# 前　言

　　数学家像画家或诗人，都是形态、式样的创造者……他们的作品必须是美的，他们的创意也必须像颜色或语句，协调地组织在一起，美是数学的第一道考验，不美的数学在这世上毫无地位。

——哈代（Godfrey H. Hardy），英国数学家

　　我的工作通常需要努力结合真理与美感，但若被迫两者选其一时，我一向选择美感。

——外尔（Hermann Weyl），德国数学家

　　数学家研究数学的动机并非因为数学有用，而是因为它是无可比拟的美感体验。

——庞加莱（Henri Poincaré），法国物理学家、数学家

　　这是一本叙述数学之美的书，而不是叙说数学多有用的书。数学是一门最被人们误解的学科，它常被误认为是自然科学的一支。事实上，数学固然是所有科学的语言，但是数学的本质和内涵比较接近艺术（尤

其是音乐），反而与自然科学的本质相去较远。本书尝试从人类文明发展的脉络来说明数学的本质：它像艺术一样，是人类文化中深具想象力及美感的一部分。

为何人们对数学会有如此大的误解，其原因大致如下：我们的数学教育只注重快速解题，熟记题型以应付考试的需求，造成学生及家长对数学的刻板印象就是：一大堆做不完的测验卷及一大堆公式。在这种环境下，如何能期待多数的学生对数学有学习的动机和兴趣？其结果是，用功的学生努力背题型、背公式以得到好成绩，考上名校。就业后，在一般的工作岗位上，大家发现只要会加减乘除就够用了，以往多年痛苦的学习显然只是为了考试，数学不但无趣也无用。至于没那么用功的学生早在初中阶段就放弃数学了。因为就投资回报率而言，数学要花太多时间，且考试成绩未必和时间成正比，将这些时间用在别的学科比较有效益。

更糟的是，很多人错误地将数学好不好和人聪不聪明画上等号。固然，数学很好的学生对抽象概念掌握的能力不错，仅此而已。数学不好的学生也只显示他的抽象概念掌握能力有待加强，与聪明程度无关。请问，我们会认定一个五音不全（音感不佳）的人就是不聪明吗？

此外，我们的教材有很大的改进空间。譬如说，专为考试设计的"假"应用题。然而最糟糕的是，为了在短时间内塞进太多内容，教材被简化成一系列的公式和解题技巧。

事实上，数学绝对不是一系列的技巧，这些技巧不过是一小部分，它们远不能代表数学，就好比调配颜色的技巧不能当作绘画一样。换言之，技巧就是将数学这门学问的激情、推理、美和深刻内涵抽离之后的产物。从人类文明的发展来看，数学如果脱离了其丰富的文化内涵，就会被简化成一系列的技巧，它的真实面貌就被完全扭曲了。其结果是：

对于数学这样一门基础性的、富有生命力、想象力和美感的学科，大多数人的认知是数学既枯燥无味，又难学又难懂。在这种恶劣的学习环境和错误认知的影响下，学生和家长或多或少都会产生数学焦虑症（Mathematics Anxiety）。

这些症状如：

（1）考前准备这么多，为何仍考不好？是不是题目做得不够多？

（2）数学成绩不好，是否显示我不够聪明，以后如何能后来居上？

（3）除了去补习班之外，有没有其他方法可以学好数学，不再怕数学，进而喜欢数学？

数学焦虑症不是一天造成的，因此它的"治疗"也要循序渐进。首要是去除对数学的误解和恐惧，再服用"解药"（新且有效的学习方法、教材）。

本书首先说明数学是西方文明的一个有机组成部分。数学不仅影响了哲学，也塑造了众多流派的绘画和音乐，还为政治学说和经济学提供了理性的依据。作为人类理性精神的化身，数学已经渗透到以前由权威、习惯、迷信所统治的领域，而且取代它们成为思想和行动的指南。更重要的是，数学在令人赏心悦目的美感价值方面，足以和任何其他艺术形式媲美。因此我深信应该将数学的"非技巧"部分按历史发展的脉络纳入本书，使学生感受到这门学科之美，从而增强学习的动机。以我们的语文教学为例，学生同时学习技巧（写字、拼音、造句）和美学（诗词、文学欣赏）。同样的道理，如果数学教学和语文教学一样，技巧与美感并重，将会大大降低学生对数学的厌恶和恐惧。

其次，本书叙述作者学习及领悟数学的心路历程，并借此说明数学推理和独立思考能力的关系。

最后，我会给出治疗"数学焦虑症"的解药，就是一套全新的数学学习方法。本人最大的愿望就是：学生经由本书的学习，能大幅降低对数学的恐惧，增加信心，进而体会数学之美。同时，也因为更有自信，就能更有效率地学习"技巧"部分。


在本书出版之际，特别感谢义美食品高志明先生全力支持本书的出版。本书虽经多次修订，错误与缺点仍在所难免，欢迎各界批评指正，以使本书得以不断完善。

# 目　录

## 第三章　数学与逻辑

## 第四章　如何降低数学恐惧

# 第一章

# 什么是数学

一个数学家，在他的工作中感受到与一个艺术家同样的印象；他的愉快也同样巨大，并具有同样的性质。

——庞加莱（Henri Poincaré），法国物理学家、数学家

# 1.1　数学与艺术

　　什么是数学？如果你在路上抓几个路人来问这个问题，答案可能都是"数学是研究数字的科学"。确实，"数学"在望文生义的情况下，大多数人都以为只和"数字"有关。事实上，这样对数学的描述，早在两千多年前的古希腊时代就不正确了。我们就从人类文明进展的脉络来探讨"什么是数学"？

## 1.1.1　公元前500年：实用及经验法则的数学

　　在公元前500年，数学在当时的发展，确实只局限于数字，无论是古埃及、古巴比伦、古印度或中国等古文明，都是如此。当时的数学，仅限于数字的实际应用，如建造金字塔、建筑城墙、发明武器、划分农地、兴建水利及道路工程等。当时的数学就像是烹饪书一样，针对某形态的问题，有一相对应的解法（公式），数学的学习就像是背"烹饪书"，把数字套进正确的公式就可以得到答案。这时期的数学仅局限于数字及简单几何图形在实际生活中的应用，见图1-1到图1-5。

图1-1　古埃及公主Neferetiabet的石版画，上面有古埃及数学符号

| 1 | 11 | 21 | 31 | 41 | 51 |
| 2 | 12 | 22 | 32 | 42 | 52 |
| 3 | 13 | 23 | 33 | 43 | 53 |
| 4 | 14 | 24 | 34 | 44 | 54 |
| 5 | 15 | 25 | 35 | 45 | 55 |
| 6 | 16 | 26 | 36 | 46 | 56 |
| 7 | 17 | 27 | 37 | 47 | 57 |
| 8 | 18 | 28 | 38 | 48 | 58 |
| 9 | 19 | 29 | 39 | 49 | 59 |
| 10 | 20 | 30 | 40 | 50 | |

图1-2　古巴比伦文化的数学符号

图1-3　研究古埃及文明的德国学者从古埃及文物转绘的图像，图像中记录了牛和羊的数量

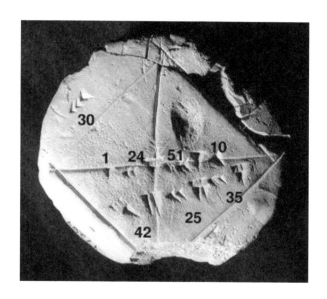

图1-4　古巴比伦编号为YBC7289的泥版，上面的数字是2的平方根的近似值，用当时的60进位制表示：$1+24/60+51/60^2+10/60^3=1.41421296\cdots\cdots$

图1-5 莱因德数纸草（Rhind Mathematical Papyrus）中的古埃及数学应用题第80题

同时古巴比伦人没有乘法，但有平方表、立方表，用来协助计算。方法如下：

1. $ab = \dfrac{(a+b)^2 - (a-b)^2}{4}$

例题：$5 \times 3 = \dfrac{(5+3)^2 - (5-3)^2}{4} = \dfrac{64-4}{4} = 15$

2. $ab = \dfrac{(a+b)^2 - a^2 - b^2}{2}$

例题：$5 \times 3 = \dfrac{(5+3)^2 - 5^2 - 3^2}{2} = \dfrac{64-25-9}{2} = 15$

古希腊人坚持演绎推理是数学证明的唯一方法，这是对人类文明最重要的贡献之一。它使数学从木匠的工具盒、测量员的背包中解放出来，使得数学成为人们头脑中的一个思想体系。此后，人们开始靠理性，而不是凭感官去判断事物。正是这种推理精神，开辟了现代文明。

——克莱因（Morris Kline），美国数学史家

　　数学的重大突破，发生在公元前500年到公元300年这段期间的古希腊文明。事实上，古希腊人对数学和科学哲学的贡献是人类文明发展极关键的一大步，古希腊数学家、哲学家的贡献主要在于几何学及公理系统的建立。古希腊人不太重视数学的实用性，他们感兴趣的是数学作为掌握抽象概念的利器。他们发现，从简单的点、线、面、圆的抽象概念开始，再依据严谨的逻辑推论，就可推导出许多重要的数学结果。譬如说，古埃及人与古巴比伦人早从实际应用知道勾股定理（古希腊称之为毕达哥拉斯定理），但只停留在"知其然，但不知所以然"的阶段，而古希腊人不但能从基本的几何抽象概念证明出勾股定理，而且还推导出许多古埃及人与古巴比伦人不能直接从实际应用中得到的重要结果。

　　希腊化时代伟大的数学家希帕库斯（Hipparchus）使用相似三角形的定理估算地球半径为3 944.3英里，这个数字与现代高科技测量到的地球半径为3 961.3英里只差17英里，误差才0.4%！真是厉害极了，见图1-6。

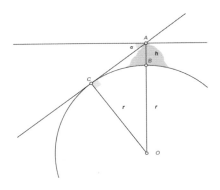

图1-6 希帕库斯以相似三角形的定理推导地球半径的示意图

并且希帕克斯使用相似三角形的定理估算地球与月球距离为238 000英里，这个数字与现代高科技测量到的240 000英里，误差才0.8%，见图1-7。

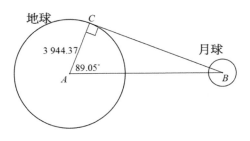

图1-7 计算地球到月球距离示意图

希帕库斯运用简单几何定理就得到如此惊人的结果，足以说明以演绎推理所建立的数学的威力。因此古希腊人特别重视几何学，从简单的点、线、面、圆的抽象概念作为公理，使用演绎法建立整个几何学，这套逻辑严谨的几何学就是欧几里得（Euclid）的《几何原本》（*Elements*），见图1-8。

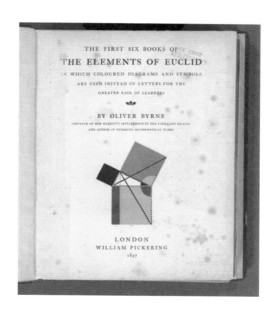

图1-8　1847年在伦敦出版的《几何原本》，此书迄今发行量仅次于《圣经》

直到现在，我们还在读这本书。中学所学习的几何定理及证明，就是出自这本书。很可惜的是，我们的教学没有适时说明学习几何的目的，主要是培养严谨推理的能力及欣赏数学之美，白白丧失了一个启发学生学习兴趣的机会。英国数学家罗素在他的自传中回忆道："在我十一岁时，哥哥教我欧几里得的《几何原本》，这是我一生最重要的时刻之一，我像初恋一般地意乱情迷，很难想象世界上有如此美丽的事物，从此数学成为我一生的主要兴趣及快乐的泉源。"只要你留心，生活中很容易发现几何图案的美，见图1-9、图1-10。

图1-9 几何图案的瓷砖

图1-10 公元前750年的古希腊花瓶，上面有美丽的几何图案

但欧氏几何并不足以套用到全宇宙，一般来说，两点之间最短的距离就是连接两点的线段，但在宇宙空间中，两点之间最短的距离未必是连接两点的一线段。爱因斯坦的相对论认为，两点之间的最短距离因为受引力影响，变成一条曲线，称为测地线（Geodesic），也可将测地线想象成为球面上的两点的最短距离，而这也是非欧几何的一种。依据相对论，在真实的自然界中，非欧几何比欧氏几何更为常见。欧氏几何只能应用到较小的空间范围，比如地球表面。

　　古希腊时代几何学的研究不只在数学上，还在艺术上。当时已经有人在研究黄金比例的性质，又称黄金分割。具有黄金比例的长方形，是长方形长度切去长方形宽度后，原来长方形比例等于后来长方形比例。比例相等，见图1-11、图1-12。

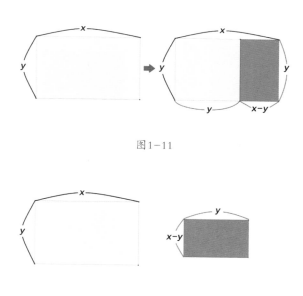

图1-11

图1-12

　　这个特别的比例用符号 $\Phi$ 来表示。经计算后黄金比例 $\Phi$ 长比宽 $\approx 1.618 : 1$。有哪些东西具有黄金比例呢？

　　（1）蒙娜丽莎的微笑，脸的宽度与长度、额头到眼睛与眼睛到下巴的比，见图1-13。

　　（2）埃菲尔铁塔的比例，侧面的曲线接近以黄金比例为底数的对数曲线，见图1-14。

（3）电视机原本的比例是4∶3，现在都是用16∶9或16∶10的比例来制造，以接近黄金比例，因为人类的视野也是接近黄金比例！

（4）帕特农神殿，见图1-15。

（5）小提琴，见图1-16。

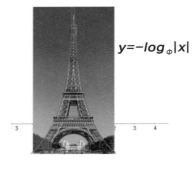

$$y=-log_{\Phi}|x|$$

图1-14

图1-13

图1-15　帕特农神殿是古希腊的代表性建筑，图片取自维基共享

图1-16　小提琴，图片取自维基共享

（6）五角星，见图1-17。

图1-17

（7）鹦鹉螺的螺线，见图1-18。

图1-18

　　当然最重要的是，大家所关心的身材的黄金比例。女孩子总是想挑选让自己看起来最漂亮的高跟鞋，但到底要穿多高才符合黄金比例呢？就是让全身与下半身（肚脐到脚底）具有1.618的比例，参考图1-19与推导过程。

$$x + h : y + h = 1.618 : 1$$

$$x + h = 1.618(y + h)$$

$$x + h = 1.618y + 1.618h$$

$$x - 1.618y = 0.618h$$

$$\frac{x - 1.618y}{0.618} = h$$

$$\frac{身高 - 1.618 \times 下半身}{0.618} = 高跟鞋高度$$

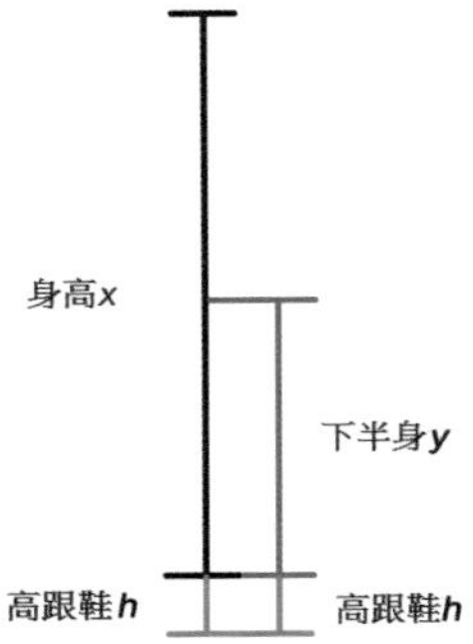

计算式：$\dfrac{身高 - 1.618 \times 下半身}{0.618} = 高跟鞋高度$。

图 1-19

由以上可知，黄金比例也具有螺线的美丽形状，恰巧与大自然吻合。我们可以发现生活中处处有黄金比例，处处有数学。古希腊时期阿基米德的伟大成果之一：求出了圆柱及其内切圆球的体积和表面积公式，据说他曾要求将此图像刻在墓碑上以示纪念，见图1-20。

图 1-20

　　古希腊用演绎法把数学从实用层面提升到比较抽象的层次，这是人类文明发展很重要的突破和进步，和发明文字一般地重要。对当时的古希腊哲学家而言，数学方法是探究真理的唯一工具，因为合乎逻辑的推论远优于含有偏见、臆测的其他论述方法。难怪柏拉图要在他的学院门口写上："不懂几何学者，不得入此门"，见图1-21。

图1-21　文艺复兴时期大画家拉斐尔的湿壁画《雅典学派》，画中间行走的两人为柏拉图和亚里士多德，右边弯腰教几何的是欧几里得，左边坐着教音乐的是毕达哥拉斯

数学定理是由公理经由演绎推理得到的，而非由观察现象再加以"归纳"。因此，在数学领域，对的东西永远是对的，两千年前的定理到两千年后仍是对的，对的事实累积越来越多。当今大学的微积分和一百年前的微积分没有太大不同，只是增加一些新内容。但在自然科学中，并非如此。例如在物理学中，新的发现不断推翻旧有的理论，导出新理论。但数学却是不断累积起来的，所以数学与自然学科在本质上是不同的。举个例子，数学上的"演绎法"和自然科学常用的"归纳法"是大不同的，有何不同呢？譬如说你问一个物理学家，质数有哪些特性？他观察数字1到13之后，用归纳法得到下列结论：因为1、3、5、7、11，13都是质数也是奇数，只有2是质数却是偶数，而9是奇数但不是质数，因此所有的奇数都是质数，而2和9是例外，这就是用"归纳法"推论的结果。

再举一例，假设有一个外星人到地球研究人类，正巧降落在中国，于是他在观察了约一亿人之后，归纳出的结论是："地球上所有人类都是黄皮肤。"

古希腊人不强调数学应用在实务方面，而是用于智力训练、智能发展，甚至用于美学上。现在，我们在课堂上所证明的几何定理，大多没有实用价值。而学习几何证明题的目的，就是要让大家学会严密推理、证明的方法。因为演绎推理能够保证结论永远逻辑正确，所以古希腊人认为古埃及人和古巴比伦人经由归纳观察所积累的数学知识是由沙子砌成的房子，一触即溃。古希腊人的目标是建造一座由大理石建成的永恒宫殿，事实上，他们也达成了这个目标：演绎推理成为西方科学方法的主干，演绎数学成为所有科学的语言直到今天。文艺复兴时代的天才艺术家、科学家达·芬奇也强调："没有通过数学检验的任何观察和实验都不能宣称是科学。"

此外，更值得一提的历史事实就是：数学推理及民主思想都源自古希腊文明，这个历史事实并非偶然。事实上，古希腊数学所揭示的思考与辩论方式正是孕育民主思想的基石。这将在2.2"数学与民主"一节有更完整的介绍。

**补充说明**

推理隐含着归纳、演绎两种方式，但归纳偶有特例，而演绎则是严谨的数学，两者有着全然不同的意义。

## 1.1.2　中世纪：西方数学的停顿期

千万别窥探大自然的奥秘，让它们归于上帝吧！永远恭顺而谦卑。

——弥尔顿（John Milton），英国诗人

由于罗马文化的急功近利和基督教的影响，古希腊数学的演绎精神在漫长的中世纪几乎消失殆尽。中世纪数学进展的主角是位于欧洲东方的古印度、阿拉伯及中国。与古希腊数学相比，中世纪的东方数学倾向于计算法则，不讲究定理推导，比较像古希腊文明之前的古埃及、古巴比伦的经验归纳法则，但是已脱离单纯的计算，并建构出具有一般性的计算法则，能广泛应用。

这时期比较突出的数学进展有：

（1）阿拉伯数学家花剌子米（Khwarizmi）开创了代数学，他的著作《还原与对消计算概要》（公元820年前后）于十二世纪被译成拉丁文，在欧洲产生巨大影响，见图1-22。

（2）古印度人使用古巴比伦人的位置制原则建立了十进位体系，并创了具有完整意义的"0"，此外，他们还开创了"负数"的概念。伊斯兰教文化因宗教原因，建筑、绘画、装饰都不能出现人像，因而发展出丰富的几何艺术，阿拉伯世界发展出的几何艺术，可说是近代数学艺术的始祖，见图1-23到图1-25。

图1-22　花剌子米的著作《还原与对消计算概要》封面。阿拉伯语的"还原"是"Al-jabr"，即移项的意思，此字在十四世纪演变成拉丁字：Algebra，正是今天代数一词的英文

图1-23　　　　　　　　图1-24　　　　　　　　图1-25

（3）中国数学发展出机械化、算法化的特点，与古希腊数学重逻辑推理大不同。中国的数学传统以算为主，算筹、算盘就是中国古代的"计算机"，珠算口诀就是计算程序。中国数学家祖冲之（约429—500）精确计算圆周率，领先世界近一千年，且指出《九章算术》中，球体积公式之错误。宋代秦九韶（1208—1268）的《数书九章》发展了一元高次方程求数值解的程序化、机械化算法。然而，算筹有很大的局限，在算筹框架内发展的天元术、四元术不能演进成彻底的符号代数，因此对五个以上的变量就无能为力。此外，因缺乏演绎论证的方法，中国数学无法发展成近代数学，十六、十七世纪，近代数学在西方蓬勃兴起之后，中国数学就明显地落后，但仍有许多一样的数学公式，见图1-26。

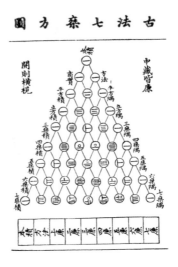

图1-26　中国数学家朱世杰的著作《四元玉鉴》中的"三角垛"公式，也就是西方的帕斯卡三角形

印度与阿拉伯的代数研究内容与古希腊的几何知识，启发了欧洲的文艺复兴。印度与阿拉伯在数学研究上，有着承前启后的地位。

同时中世纪的地图学也有相当惊人的精确度，见图1-27。我们现在所用的地图绘制法是1569年由佛兰德斯的地理学家杰拉杜斯·麦卡托（Gerardus Mercator）发明的，所以被称作麦卡托投影法，又称正轴等角圆柱投影。这是一种等角的圆柱形地图投影法，见图1-28。

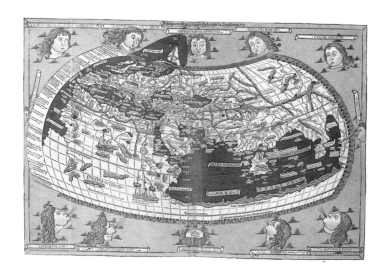

图1-27 中世纪时的世界地图

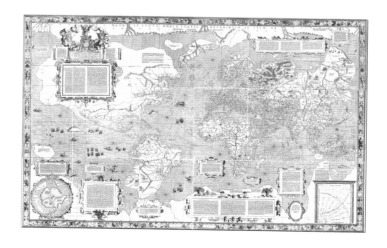

图1-28 麦卡托地图

以此方式绘制的世界地图，长202厘米、宽124厘米，经纬线于任何位置皆垂直相交，使世界地图呈现在一个长方形上，见图1-29。

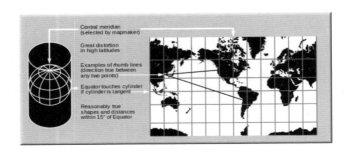

图1-29

此地图可显示任意两点间的正确方位，航海用途的海图、航路图大都以此方式绘制。在该投影中，线型比例尺在图中任意一点周围都保持不变，从而可以保持大陆轮廓投影后的角度和形状不变（即等角）；但麦卡托投影会使面积产生变形，极点的比例甚至达到了无穷大，而靠近赤道的部分又被压缩得很严重。看图1-30理解原因。

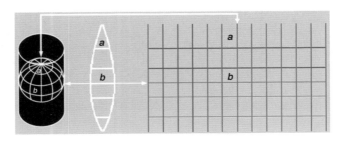

图1-30

可以很简单地看到高纬度地区被放大，低纬度地区被缩小，误差可不是一点点。比如，非洲远比地图上显示的大，它占了世界陆地面积的近30%。非洲面积比中国、北美洲、印度、欧洲、日本面积总和还要大。

### 1.1.3　文艺复兴期：数学精神的复生

数学是上帝用来书写宇宙的文字，没有数学的帮助，就不可能了解任何自然现象。如果我能重新开始学习的话，我会依照柏拉图的建议，从数学开始学起。

——伽利略（Galileo），意大利物理学家

几何学是所有绘画的基础。

——丢勒（Durer），德国画家、数学家

数学是开启四大科学：物理、天文、化学及医学大门的钥匙。

——弗朗西斯·培根（Francis Bacon），英国哲学家

在十二世纪，一些欧洲学者到西班牙和西西里岛寻找阿拉伯文的科学书籍，其中最重要的两本书是花剌子米的代数学《还原与对消计算概要》及欧几里得的《几何原本》。这两本书都被译成拉丁文，开启了数

学的重生。1202年，意大利数学家斐波那契（Fibonacci）在其著作《算书》（*Libre Abaci*）中，系统地介绍了古印度-阿拉伯计数系统，对改变欧洲数学有很大影响。然而，欧洲数学的大幅改变是从十五世纪中叶才开始。

1453年，君士坦丁堡被奥斯曼土耳其人占领，迫使大量希腊学者带着古典著作逃往意大利。这是欧洲历经漫长黑暗的中世纪之后第一次接触到古希腊原作。在此之前，欧洲学者只能由阿拉伯文的译本学习古希腊著作。而这些希腊学者将古希腊原作大量译成拉丁文，使得欧洲学者终于能够直接领悟古希腊文明的精髓，加上传入的印刷术，使得书本的流传更为普及化，因而启动了文艺复兴。承袭古典希腊推理精神并且有革命意义的著作出版于1543至1545年间，分别是：意大利数学家卡丹（Cardan）的《大术》，比利时解剖学家维萨里（Vesalius）的《人体结构》，见图1-31。

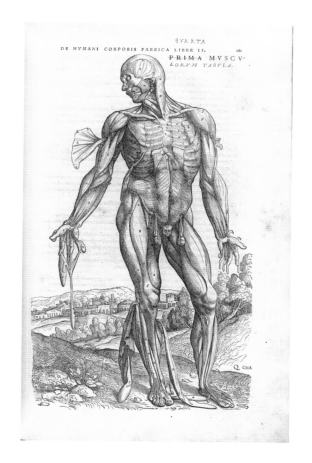

图1-31　解剖学家维萨里的人体解剖图解

　　还有波兰天文学家哥白尼（Copernius）的"天体运行论"，在中世纪，欧洲人认为地是平的，世界是以地球为中心，见图1-32。一直到哥白尼才提出世界是绕太阳转的日心说，否定了地心说。哥白尼认为上帝创造这个世界不会用那么复杂的方式，用太阳为中心就可以简化各行星的轨道方程式，见图1-33。而后伽利略经过观测星象与计算，证实了日心说，见图1-34。之后经计算又发现了海王星，而且海王星是当时唯一先计算出现时间再观察到的行星。因为数学家、天文学家的贡献，使得大众接受了新的世界观。开普勒（Kepler）也用柏拉图正多面体建构出太阳系模型，见图1-35。

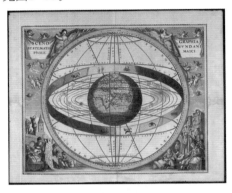

图1-32　古希腊托勒密（Ptolemy）地心说示意图

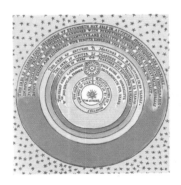

图1-33　哥白尼日心学说的图示

图1-34　贝尔蒂尼（Bertini）的画，画中伽利略向威尼斯的官员说明如何使用他发明的望远镜观测到金星

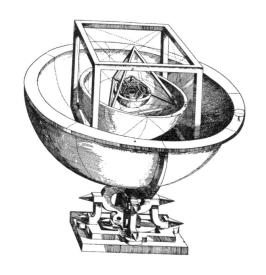

图1-35 开普勒用柏拉图正多面体建构的太阳系模型

　　以上数学家的著作形成了建设理性文化的力量。这时期，由培根和笛卡尔提出的人类了解进而控制大自然的梦想得到广泛的回响。文艺复兴时期的思想家、科学家及艺术家都有一个共识：就是用"推理"的方式重建所有知识，寻求在确定无疑的知识系统上建立各门学问的思想体系，而演绎数学的正确性正好符合此需求。诚如笛卡尔所言："由于数学推理确定无疑，明了清晰，我为它的基础如此稳固坚实感到惊奇，在所有知识系统中，数学的地位是最高的。"达·芬奇也说："只有紧紧地依靠数学，才能穿透那些不可捉摸的思想迷魂阵。"

　　此外，艺术家们因深受复兴的古希腊哲学影响及试图逼真地重现自然界，也转向数学寻求解答。他们和当时的科学家都有相同的理念：数学是真实世界的本质，宇宙是有秩序的，且能按照几何原理明确地理性化。因此，他们认为要在画布上展示题材的真实性，解决的方法必定来自某些数学。

事实上，当时很多艺术家同时也是数学家，如弗朗切斯卡、达·芬奇及丢勒。他们三人都发表过有关透视画法的数学论述。而其中弗朗切斯卡被认为是十五世纪最伟大的数学家之一。他写了三篇数学论文，试图证明利用透视学和立体几何原理，可见的现实世界就能从数学定理推演出来。换句话说，他从几何原理推导出透视画法，这方法能够将自然世界三度空间的图像用二度空间的画布"尽可能精确地"呈现出来，见图1-36到图1-47。今天的计算机绘图（Computer Graphic）所使用的算图（Rendering）方法就是透视画法的延伸。

总结文艺复兴时期数学推理精神的巨大影响：这时期的科学家是以数学家的角度而从事对大自然的研究，他们认为科学的目的是为了发现所有自然现象的数学关系，并以此解释所有自然现象，从而彰显上帝创造的伟大。

图1-36　丢勒的木刻，描述透视法绘画的技巧

图1-37 丢勒的版画《忧郁》（Melencolia），右上角有一个数学魔方阵

图1-38 该画右上角的数学魔方阵，其对角线，直行及横行数字的和皆为34

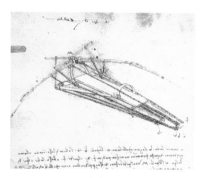

图1-39 达·芬奇的飞行器图示

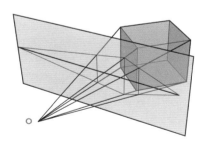

图1-40 透视画法的几何原理示意图

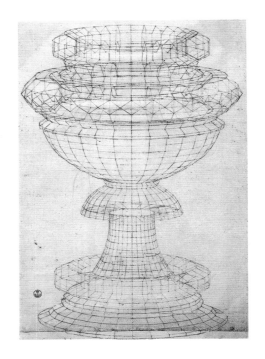

图1-41 乌切洛（Uccello）的透视画法素描

图1-42 弗朗切斯卡的画作《鞭挞》，显示使用投影技法表现空间感

图1-43 弗朗切斯卡的画作《耶稣复活》

图1-44 佩鲁吉诺（Perugino）的画作充分运用透视原理，强化空间景深及层次感

图1-45、图1-46　达·芬奇画作《丽达与天鹅》显示，即使是寓意画也极力呈现真实世界的空间感

图1-47　波提切利的画作《维纳斯的诞生》

## 1.1.4 十七、十八世纪：启蒙时代／理性主义时代

数学不需实验的帮助，只需经由纯粹推理就可拓展它的领域，是纯粹推理的最佳典范。

——康德（Emmanuel Kant），德国哲学家

逻辑是思想的解剖学。

——洛克（John Locke），英国哲学家

数学中含有惊人的想象力，阿基米德脑中的想象力比荷马多得多。

——伏尔泰（Voltaire），法国作家、哲学家

对我而言，任何事物都是数学。

——笛卡尔（Descartes），法国哲学家、数学家

数学是由纯粹智慧创造出来的世界。

——华兹华斯（Wordsworth），英国诗人

这时期最重要的数学进展是：

第一，费马和笛卡尔分别发明了解析几何，使得代数和几何结合在

一起，使得代数方程式能够准确描述各种几何图形及曲线。反之，各种几何图形及曲线也能写出对应的代数方程式。

## 笛卡尔平面坐标的故事

1596年法国数学家笛卡尔创立了平面坐标的架构。笛卡尔创立坐标系，也称"笛卡尔坐标系"。而他为什么会想做出坐标系？据说当他躺在床上，观察一只苍蝇在天花板上移动时，他想知道苍蝇在墙上的移动距离，思考后，发现必须先知道苍蝇的移动路线（路径）。这正是平面坐标系产生的诱因，但要如何描述此路线，他还经历另一件事情，才找到方法，见图1-48。

在晚上休息之余，他看到满天的星星，这些星星如何表示位置，如果用以前的方法，拿出整张地图，再去找出那颗星星，相当费时费力，而且也不好说明，只能说在某个东西的旁边。这只是相对说法，并不够直接。笛卡尔从军时，要给上级汇报位置，他拿着地图比画着，或是说在多瑙河上游左岸、或是下游右岸等。这样找指标物，然后说一个相对位置，是很没有效率的说法，所以他开始思考如何更好地描述位置。

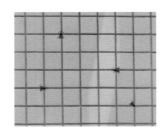

图1-48

　　有一天晚上，睡不着觉的笛卡尔正在思考，被查铺的排长拉出去到野外。在野外，排长说：你整天在思考如何用数学解释自然与宇宙，我来告诉你一个好方法，从背后抽出两支弓箭，让笛卡尔把它摆成十字。一个箭头一端向右，另一个箭头向上，箭可以射向远方，高举过头顶。头上有了一个十字，延伸出去后天空被分成四份，每个星星都在其中一块。笛卡尔反驳：古希腊人早就已经使用在画图上，哪有什么稀奇的地方。况且就算在上面标刻度，那负数又应该摆放在哪里，排长就又说了一个方法，把十字交叉处定为零，往箭头的方向是正数，反过来是负数，不就可以用数字去显示全部位置了吗？笛卡尔大喊这是个好方法，想去拿那两支箭，排长将弓箭丢到河里，笛卡尔追出去，想拿来研究，没想到溺水了，之后被救起。笛卡尔抓着排长问，刚说了什么，排长不理他，继续叫下一个士兵起床，笛卡尔这才发现原来是梦，马上拿出笔把梦里面的东西写下来，平面坐标就此诞生了。

　　平面坐标与方程式结合在一起，产生了函数的概念，笛卡尔将代数与几何连接在一起，而不是分开的两大分支。几何用代数来解释，而代数用几何的图形更容易看出结果与想法。于是笛卡尔把这两大分支合在一起，把图形看成点的连续运动后的轨迹，最后点在平面上运动的想法，进入了数学，见图1-49、图1-50。

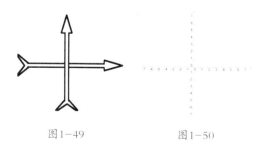

图1-49　　　　　　　　　图1-50

第二，解析几何使得牛顿和莱布尼茨分别发明了微积分，微积分是研究动态的数学，在此之前的数学仅能研究静态的数学问题，此时很多航海及机械问题，都是动态的问题，因此急需要研究动态的数学工具。

微积分适时出现，不但提供了研究动态的工具并且对所有的自然科学，甚至哲学、政治都产生极深远的影响。事实上，微积分的发明不仅促成了各门科学的突飞猛进，其中演绎数学所展现出的"推理"的威力更使得当时的人文学者大为震惊，纷纷思考如何在哲学、政治、经济等人文学科中使用演绎数学以确保推理及论述的合理与正确性。我们甚至可以说，十八世纪的思想家们的主要目标，是为所有的问题寻求数学的解决方法，正因如此，这时期被称为理性的时代（Age of Reason）或启蒙时代（Age of Enlightenment）。所谓的"理性"，就是演绎数学的推理精神和方法。

牛顿的巨作《自然哲学的数学原理》揭示了科学研究的方法论：从归纳观察得到的假设作为演绎数学的起点（类似几何学的公理），经由演绎数学的推导，得到新的结论（证明出新的定理）。牛顿使用这个方法论及新工具微积分，从他所提出的公理：万有引力开始，不但证明了开普勒的行星三大运动定律，也证明出所有关于力学的结果。而这些仅假设万有引力为公理所推导出的定理，都先后由其他物理学家经由实验证实。这个清晰有效的方法论大大地刺激了物理学以外的自然科学，也使他们开始努力建构各自的数学方法。

医学家哈维经由导管中水流的定量研究，证实了动物体内的血液循环现象，并阐明了心脏在循环过程中的作用，指出血液受心脏推动，沿着动脉血管流向全身各部，再沿着静脉血管返回心脏，环流不息。法国化学家拉瓦锡（Lavoisier）倡导、改进定量分析方法并用其验证了质量守恒定律，也撰写了第一部化学教科书，这些划时代贡献使得他被后世尊称为化学之父。最重要的是，他使化学与炼金术脱钩，成为真正的自然科学。

　　牛顿的数学方法论不仅催生了近代自然科学，也促使哲学、政治、经济等人文学科引入数学推理精神，重建各自的知识体系，并由此重新推导出自由、民主及人权的新概念。我们可以说，牛顿的数学方法论全面改变了西方文明的面貌，它的影响从数学到自然科学，再扩及几乎所有的人文学科，使得西方文明在十八世纪开始突飞猛进，远远超越其他文明，直到今天。换句话说，数学对人类社会的影响在十八世纪到达高峰：演绎数学的精神正是理性时代的导火线，启蒙运动不是凭空而来，没有数学精神，就没有真正的理性时代，见图1-51到图1-62。

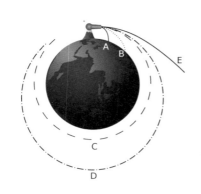

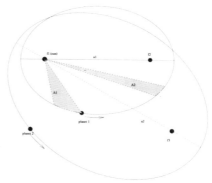

图1-51　牛顿从物体的抛物线运动推测行星的圆周运动示意图

图1-52　开普勒的行星运动三大定律示意图

图1-53　1785年建于英国的巨大反射式天文望远镜，镜片直径48英寸，焦距长40英尺，曾用以发现土星的第6和第7号卫星

图1-54　拉瓦锡的化学实验室

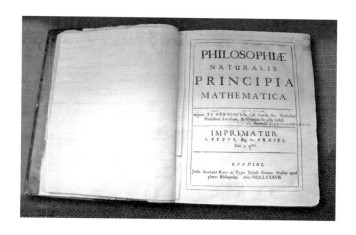

图1-55　引爆科学及政治思想大革命的巨作：牛顿的《自然哲学的数学原理》

图1-56　十八世纪的显微镜

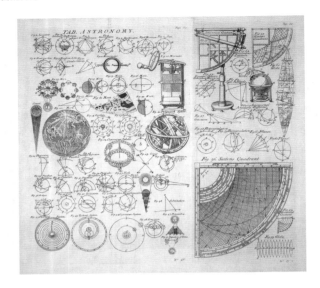

图1-57 十八世纪的天文图表

图1-58 理性主义时代的新古典（Neoclassical）建筑

图1-59 法国凡尔赛宫对称几何图形的花园，显示理性主义的影响

图1-60 十七世纪荷兰画家伦勃朗（Rembrandt）的《夜巡》，处理光线的细致程度显示科学思想的影响

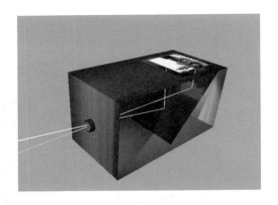

图1-61 十七世纪的光学发明，现代照相机的前身——黑箱照相机（Camera Obscura）

图1-62 十七世纪荷兰画家维米尔（Vermeer）运用黑箱照相机画出逼真的《音乐课》

　　同时当时不只有笛卡尔坐标系作图。在讨论角度的时候，有着另一种作图方法，称作极坐标作图$(r, \theta)$，设长度$r$与角度$\theta$。这种图案做出来的图形是一个绕原点的图案。以下是计算机程序利用极坐标作图的图形，见图1-63。爱心的极坐标图：$r=a（1-\sin\theta）$。又称心形线。

　　这个图案又被称作：笛卡尔的情书。这个流传的故事内容是，瑞典一个公主热衷于数学。笛卡尔教导她数学，后来他们喜欢上彼此。然而国王不允许此事，于是将笛卡尔放逐。他不断地写信给她，但都被拦截了，一直到第13封信，信的内容只有短短的一行：$r=a（1-\sin\theta）$，国王看信后，发现不是情话。而是数学式，于是找了城里许多人来研究，但都没人知道是什么意思。国王就把信交给公主。当公主收到信时，很高兴他还是在想念她。她立刻动手研究这行字的秘密，没多久就解出来，是一个心。$r=a（1-\sin\theta）$，意思为你给的$a$有多大，$r$就多大，画出来的爱心就多大，我对你的爱就多大。表1-1中有更多的极坐标图案。由此表可了解自然界中，有许多的极坐标作图。

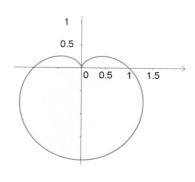

图1-63

表1-1

| 四叶草：$r=1+\sin 4\theta$ | 星星：$r=5+1.5\sin 5\theta$ | 鹦鹉螺：$r=e^{0.17\theta}$ |
|---|---|---|
| 爱心2：$r=(1.3-2\sin\theta)$ | 花朵1：$r=1-\sin\left(\dfrac{\theta}{0.6}\right)$ | 花朵2：$r=-\sin\left(\dfrac{\theta}{0.6}\right)$ |

变色龙卷曲的尾巴：$r=\theta$，又称阿基米德螺线，图取自维基共享。

在中国广为人知的太极也是极坐标的概念，但此图可能在流传中失真，并不是画半圆，我们看看以往的雕刻，很显而易见地不是半圆，见图1-64、图1-65。

图1-64

图1-65 图片取自维基共享

事实上太极是白天与夜晚比例，以半径的黑白比例就是白天与夜晚比例[①]，只是到夏至、冬至画的部分故意对调，可形成点对称的特殊图形，见图1-66。否则我们应该看到心形，见图1-67。但若是心形，虽然我们知道是以半径为昼夜比例，看起来的感官是一年之中的黑夜比较多，所以才故意在夏至对调。

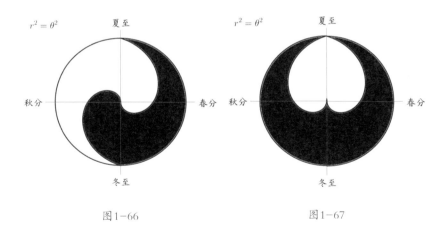

图1-66　　　　　　　　　　　　　　图1-67

---

① 这边指的白天与夜晚比例，不是24小时，而是会变动的部分。完整地说：假设夏至的白天是4：30~19：30=15小时、冬至的白天是6：30~17：30=11小时，原文指的白天与夜晚比例就是这4小时的比例变化。

## 1.1.5　二十世纪的数学是研究形态与样式的学科

数学是深具创意的艺术，因此数学家应被视为艺术家，而非擅长计算的会计师。

——哈尔莫斯（Paul Richard Halmos），美国数学家

数学是不依赖经验的纯粹人类思想产物，但它却能如此精确地描述自然现象，这真是令人惊奇。

——爱因斯坦（Albert Einstein），美国物理学家

我必须坦白地承认，我被自然界向我们所展现的单纯且美丽的数学形态深深地吸引。我深信你也一定有相同的感动：自然界突然以如此美丽的数学形态出现在我们（物理学家）面前，使我们惊讶不已……

——海森堡（Werner Heisenberg），量子力学的创始人之一

数学到底是什么？从上述的历史脉络可看出：数学不仅仅是研究数字的学问，而且与形状、运动、空间都相关。二十世纪数学的发展更加快速，一方面是抽象程度更加深化，另一方面也因应用面的扩大而生出新的分支，如计算机科学、统计与概率学等大约共有三十多个数学分支。那么，这么多的数学分支是否有共通性？有的话，它们的"共通性"是什么？各数学分支的数学家终于在约三十年前达成数学是什么的

共识：数学是研究形态与样式的学科。数学家研究各种形态，比方说算术及数论研究数字与计数的形态，几何学研究形状的各种形态，微积分研究运动的形态，数理逻辑研究推理的形态，统计与概率学研究随机事件的形态等。至于数学家为什么要研究形态？这是人类心灵的深沉渴望之一：我们希望在混沌的世界里，找出秩序和事物的道理，否则会觉得活在这个世界上很迷茫。爱因斯坦曾说："人们试图用最合适自己的方法建构一个简洁且合宜的内心世界图像，并借以取代纷乱的现实世界；哲学家、科学家、艺术家都使用各自的方式将他们的情感放入'归序'后的心灵世界，并因此获得现实世界没有的平安和喜乐。"

数学家和艺术家一样，用创造力和想象力将现象"归序"，数学家研究形态的动机与其说是从实用的角度考虑，倒不如说是从美学的角度考虑更为贴切。有趣的是，从美学的角度考虑（非应用观点）开始的数学研究很多在一段时日之后被发现有极重要的应用。最为人知的就是数论：它研究数字的形态，如质数在全部整数中的分布情形如何，如何将一个很大（超过100位数）的合数分解成很大的质数相乘等看起来没什么用处的问题。然而，你会很惊讶地发现到，今天的信息保密安全系统完全仰赖超大质数的特性才能做得到，见图1-68。

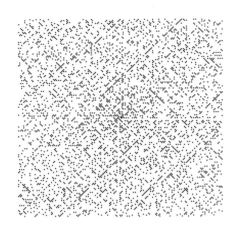

图1-68　数学家乌拉姆将1到40 000的正整数排成200×200的方阵，其中黑点代表质数，白点是合数，可以看到质数分布的图像。

在二十一世纪的今天，数学已渗透进我们生活的每个层面，但对大多数人而言，数学像空气一样：它无所不在，却浑然不觉。譬如说，多媒体设计者都必须使用像Flash或3DMax这类软件工具，却不知它们是由相当复杂的几何学所建构的。事实上，数字时代几乎所有的软、硬件都是执行数学方程式或逻辑式的载具，大到信息、通信系统及网络，小到笔记本计算机、手机及集成电路芯片（IC），都是各种数学形态应用的具体化。随着人类文明数字化的普及、深入，数学与人类文明的关系更是与日俱增，如：贝兹曲线，见图1-69、图1-70。

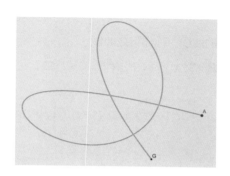

图1-69 有5个控制点的贝兹曲线（Beizer Curve），此类曲线是电影动画及游戏软件设计必用的工具（作者使用电脑程序绘制）

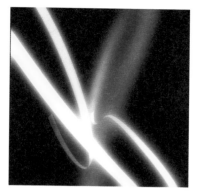

图1-70 作者使用Flash软件绘出的贝兹曲线

　　而贝兹曲线在哪边会看得到？在微软操作系统中的绘画工具：小画家的曲线工具，是如何画出曲线的？它的原理与由来是什么？我们先看看小画家如何画曲线，图中的曲线有号码顺序，0是起点、最大数值是终点、数字的顺序是方向，见图1-71。

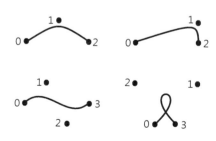

图1-71

1962年法国工程师皮埃尔·贝兹设计汽车的曲线，他感觉徒手绘画的效果不尽理想，为了使车子外形看起更为自然平顺，并更具有美观性，他利用数学概念来做出一个特别的曲线，称作贝兹曲线。

一个控制点：$B(t)=(1-t)^2P_0+2t(1-t)P_1+t^2P$，$0 \leq t \leq 1$，见图1-72。

两个控制点：$B(t)=(1-t)^3P_0+3t(1-t)^2P_1+3t^2(1-t)P_2+t^3P_3$，$0 \leq t \leq 1$，见图1-73。

贝兹曲线可以做得相当复杂，可以设置无限多个控制点。三个控制点，见图1-74。以及我们也可看到绘图软件Photoshop的钢笔工具是用贝兹曲线的应用，见图1-75。我们的许多字体也有应用到贝兹曲线，见图1-76。此网站可以体验贝兹曲线的艺术文字设计：http://shape.method.ac，所以数学可以描绘出许多更漂亮精致、自然的曲线，并且动画的移动路线，如兔子的奔跑，就是以此线来移动。

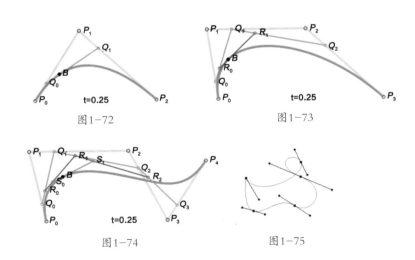

图1-72

图1-73

图1-74

图1-75

图1-76

## 补充说明

现在的计算机绘画、动画，要让影像更生动、更自然，都是利用数学方程式。其中包括了移动、背景的风的细微影响、不同光源从不同角度的变化，这些用手工绘制的话是相当困难的，但计算机却可以轻易达成。以下数学图案都是用计算机绘制的，见图1-77到图1-100。

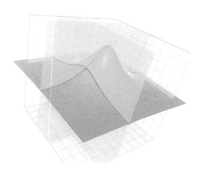

图1-77　三度空间的几何曲面（作者使用计算机程序绘制）

图1-78　作者用数学方程式画出的对称图形

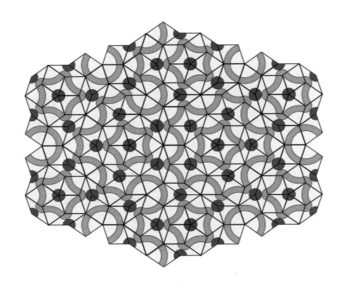

图1-79　拓扑学家彭罗斯（Penrose）的镶嵌样式（Tiling Pattern）

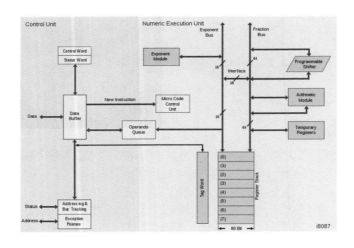

图1-80　集成电路结构图，基本功能是数学及逻辑运算

图1-81 用3D工具建构的虚拟三度空间建筑

图1-82 由3D微分几何投影及真实光度计算所做出的三度空间虚拟场景

图1-83　这是计算机绘图做出的图像，不仅空间感极逼真（透视原理），而且，图上每一点的光线强度由物理公式算出。所以，此图的真实感远超过文艺复兴时期画家的期望

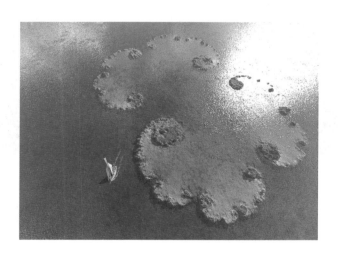

图1-84　由Terragen软件制作的幻想虚拟风景

　　图1-85、图1-86是用电脑画出来的分形图案，但其实生活中有着更多的分形图案。

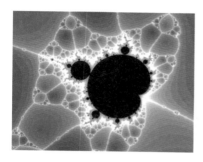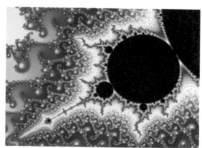

图1-85、图1-86　计算机绘制分形图

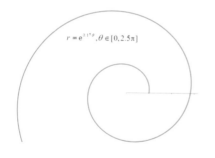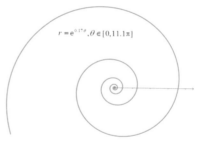

图1-87

图1-88                          图1-89

图1-90                          图1-91

图1-87到图1-91　生活中可以看到的黄金比例螺线，鹦鹉螺、罗马花椰菜、台风、宇宙，也是分形结构

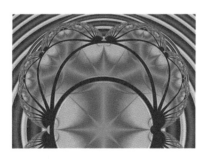

图1-92　自我相似的分形拱门

图1-93　雪花的结构、都是边长$\frac{1}{3}$位置再做一个三角形，也是分形的结构

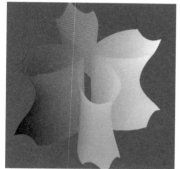

图1-94　花

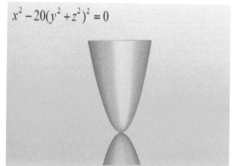

图1-95　酒杯

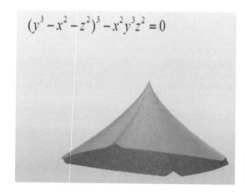

图1-96　帐篷

图1-97　雨滴

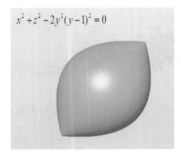

$x^2 + z^2 - 2y^2(y-1)^2 = 0$

图1-98　柠檬

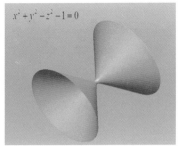

$x^2 + y^2 - z^2 - 1 = 0$

图1-99　扯铃

$x^3 + y^3 + z^3 + 1 - 0.25(x+y+z+1)^3 = 0$

图1-100　玩偶

也可以在网上搜寻波提思互动数学：方程式的艺术，观察更多的数学与艺术的影片。

二十世纪末，我们的投影作图技巧再度提升，做出了许多街头艺术或称错觉艺术，而这些艺术都是相似形的应用。比如，我们在路边看到很立体的地板艺术画，见图1-101。或是在网络上看到不可思议的视觉幻象：其实这些都是相似形的应用。原因可观察图1-102，理解立体的原理。

其实街头立体画只有在特定角度与距离才能看到立体形状，而其他位置都会看到不一样的比例变形，所以这种艺术又称错觉艺术。现在也有用此艺术介绍汽车产品的广告。换句话说，将远方画到纸上，是相似形缩小，取截面到纸上。画立体图则是相似形放大，地板是截面。

图1-101　以秦俑坑为背景的大型立体画，出处：香港历史博物馆

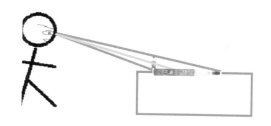

图1-102　立体化的几何原理示意图

## 1.1.6　二十一世纪，数学与艺术再一次的融合：第二波的文艺复兴

如1.1.5一节所述，二十世纪末，计算机科技的进步促成计算机动画及分形艺术的蓬勃发展。到了二十一世纪初，数学与艺术创作的关系更加紧密：计算机动画已跳脱动画及电影特效的范围，形成各种以数学算法创作艺术的新方向。很多艺术家也都开始领悟，开始使用数学算法创

作艺术。其中最有趣的就是通称为衍生艺术（Generative Art）的创作形式。所谓的衍生艺术目前有很多说法，我们暂且采用维基的定义：衍生艺术是泛称使用"自动化"系统产生之后再经由艺术家依据个人美学偏好"选择"或"修正"之后的艺术作品。而所谓的"自动化"系统可以是机械运动或计算机算法，目前较常见到的衍生艺术多半使用计算机算法创作。因此，有时也被称为算法艺术（Algorithmic Art）。参考图1-103，了解衍生艺术或算法艺术的创作过程。

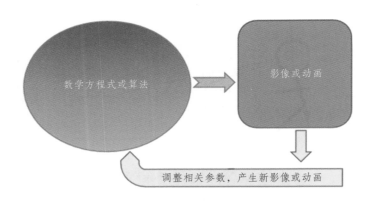

图1-103　衍生艺术创作过程示意图

　　衍生艺术所使用的算法可以从最简单的代数方程式到最复杂的非线性数学，而选择算法的标的并非要解决数学问题，反而是算法所能表现出艺术家心目中想要创作出的影像或动画。事实上，衍生艺术的概念早在十八世纪就以衍生音乐（Generative Music）的形式出现了。莫扎特曾作过一曲Musikalisches Würfelspiel（掷骰音乐），它的创作过程：

依据掷骰的结果选出预先写好的音乐片段，再将这些片段组合成小步舞曲（Minuet）。到了二十世纪，音乐家J.Cage、K.Stockhausen和Brian Eno也都创作了不同形态的衍生音乐。

由历史发展而言，衍生艺术的产生始于音乐（衍生音乐），再扩展至空间艺术，如绘画、动画等。为何有如此的顺序？当然和科技的发展相关：计算机处理音讯比处理图像及视讯容易得多，因此，要等到计算机绘图成熟才能支援视觉形态的衍生艺术。图1-104是作者的学生使用最简易的数学绘图软件绘出的习作。强调的重点是：不必熟习算法，就可创作衍生艺术！

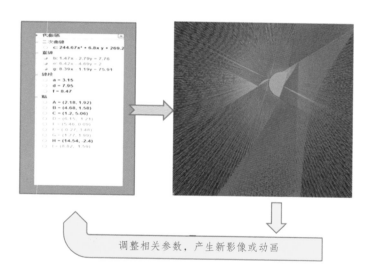

图1-104 学生作品。左侧是简易的代数方程式，右侧是产生的动态影片

目前大多数衍生艺术家使用的算法软件有processing（类似Java）或Action Script3.0。图1-105到图1-107是专业衍生艺术家的作品介绍，建议读者上网观看。

Noise05：http：//www.openprocessing.org/sketch/155121，见图1-105。

图1-105

Morphing Fractal Curves1：http：//rectangleworld.com/demos/MorphingCurve2/MorphingCurves2_black.html，见图1-106。

图1-106

Morphing Fractal Curves2：http://rectangleworld.com/blog/ar-chives/538，见图1-107。

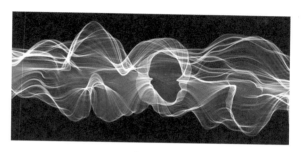

图1-107

### 再谈衍生音乐

诚如上述，由历史发展而言，衍生艺术的产生始于音乐（衍生音乐），到了二十世纪，音乐家J.Cage、K.Stockhausen和Brian Eno也都创作了不同形态的衍生音乐。更由于计算机技术的进步，衍生音乐的创作方式也趋向多元化：实时性及非实时性，算法的多样化，等等。其中Brian Eno的作品更为人知，请到网上搜索、聆听他的作品：Brian Eno&Harold Budd|Ambient2-The Plateaux Of Mirror|Whole album HD。

### 总结

我们综合上述文明进展和数学的历史来回答"什么是数学"。数学是研究数量、结构、空间、变化并从中寻找出共同形态及样式的学问。

它使用演绎推理的方法，由合理的臆测或合乎直观的公理开始，经由严谨的逻辑推论得到定理。历经"抽象化"和演绎推理的过程，数学从计数、测量、形状及运动的有系统研究，发展成研究形态及样式的学问。在文艺复兴时代，数学与艺术产生了第一次的融合。到了二十一世纪，数学作为艺术创作工具及思考表达的典范再次与艺术结合，促发了第二波的文艺复兴。因此，仅将数学视为科学的工具是错误的看法。数学是人类对理性及美感的表达，同时也是科学的语言。当今的数学教育仅强调数学是科学的工具，而全面忽视数学的艺术、文化面。这种教育方式就好像只学习语文的应用面而完全忽略了文学，殊为可惜。

# 1.2 数学与音乐

如果我们形容音乐是感官的数学，那么数学就可说是推理的音乐。

——西尔维斯特（James Joseph Sylvester），英国数学家

所有的艺术都向往音乐的境界，所有的科学都向往数学的境界。

——桑塔耶拿（George Santayana），美国哲学家

相对论的最初构想是以直觉的方式向我展现，而音乐是启动这个直觉的原动力，因此可以说，我的发现是音乐洞察力的结果。

——爱因斯坦（Albert Einstein），美国物理学家

数学和音乐及语言一样，都是人类心智自由创造能力的展现。此外，它更是人类沟通抽象概念的共同语言。因此，数学应被视为人类知识及能力的重要组成，必须被教导且传承至下一代。

——外尔（Hermann Weyl），德国数学家

数学和音乐，都必须使用一套精确的符号系统以正确表达抽象概念，因此，数学符号和乐谱有极相似的图像，见图1-108。

图1-108　作者自己制作的图像，由意大利作曲家、小提琴家维塔利（Vitali）的Chaconne乐谱，再加上一些数字符号组成，可以发现两种符号很相似

为何说，数学是推理的音乐？我们可以从四个层面来说明。

### 1.2.1　物理层面

音乐是声音构成的，而声音从物理学而言就是空气的波动（振动），而振动的快慢决定了声音的音高。譬如说，钢琴调音常用的音叉之一是A音（La），它的振动是每秒440次，我们称之为440Hz。如果振动次数加倍，所产生的声音和原本的La有何关系？你会发现：440Hz×2=880Hz，也就是每秒振动880次所产生的声音正好是La的高八度音！更有趣的是：假若你打开钢琴的上盖，你会发现高八度La键所敲打的钢弦的长度正好是原本（低八度）La音所对应弦长的一半！所有学过弦乐器的都知道，左手指按弦的动作就是经由改变琴弦的振动长度来发出不同的音高。

　　事实上，弦长与音高的比例关系早在古希腊时期就由毕达哥拉斯发现了：C音（Do）的弦长与A音弦长的比例是4∶5，D音（Re）的弦长与A音弦长的比例是3∶4，E音（Me）是2∶3，F音（Fa）是3∶5。由于毕德哥拉斯相信宇宙规律是数字关系，因此他深信天体运行会发出和谐的声音，而"和声"（Harmonic）的基础就是简单的整数比。虽然他的看法不尽正确，但简单整数比的音高组合仍是今日和声学的基础，见图1-109。而和弦的概念是毕达哥拉斯先找出大多数人喜欢的声音，作为基准音C，再根据此音的弦长度按压不同的位置，找出大多数人能接受与C一起弹奏时具有和音效果的音，与C具有和音效果的音在现在被称为C和弦，并且发现这些音的弦长按压点的比例是整数比。于是毕达哥拉斯利用这些概念决定了音程，最后毕达哥拉斯创造五音的音律。表1-2是放上七音的音律部分，这也是我们弦乐器按的位置，一直沿用至今。

图1-109 中世纪的木刻，描述毕达哥拉斯及其学生用各种乐器研究音调高低与弦长的比率关系

表1-2

| 音阶 | | 比例 | 按压点 | 图 |
|---|---|---|---|---|
| Do | C | 1 | 空弹 | ——————————— |
| Re | D | 8:9 | $\dfrac{8}{9}$压住 | ——————————— |
| Mi | E | 64:81 | $\dfrac{64}{81}$压住 | ——————————— |
| Fa | F | 3:4 | $\dfrac{3}{4}$压住 | ——————————— |
| Sol | G | 2:3 | $\dfrac{2}{3}$压住 | ——————————— |
| La | A | 16:27 | $\dfrac{16}{27}$压住 | ——————————— |
| Si | B | 128:243 | $\dfrac{128}{243}$压住 | ——————————— |
| 高八度<br>Do | 高八度<br>C | 1:2 | $\dfrac{1}{2}$压住 | ——————————— |

　　但音阶的产生不是那么容易的，它存在音程的问题。现在的音阶是约翰·伯努利（John Bernoulli），在一次的旅行途中，遇见音乐家巴赫（Bach），为了解决某些音程的半音+半音不等于一个全音的问题，发现了其音程结构，如同$r=e^{a\theta}$，如果令每30度一个音程，就可以漂亮解决全音半音问题，其结构是现在的平均律，也就是7个音阶。平均律创造出各式各样的音乐，见图1-110。

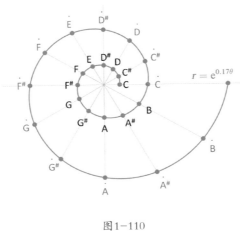

图1-110

同时熟知的声音Do、Re、Mi是一种波形，单音组成的和弦也是波形，如：Do+Mi+Sol=C和弦，可用数学方程式表现，见图1-111、图1-112。

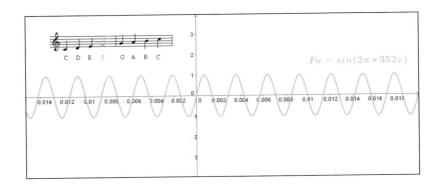

图1-111　Fa的函数图

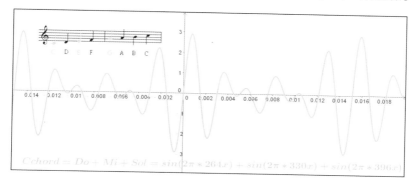

图1-112 C和弦的函数图

音乐是最抽象的艺术形式，它的基本元素是声音，它的呈现是声音的组合，而且音与音之间的关系是比例关系。因此，单从物理层面而言，音乐作为最抽象的艺术，必然和最抽象的科学——数学，有极相似的地方。这就说明了为何古希腊人将音乐视为数学的一支（注：古希腊人及中世纪人所说的四艺，指的是算术、几何、音乐与天文，音乐和天文一样，都是数学的一支）。音乐也是自然界的事实呈现：八度音程是数学真理，5度和7度和弦也是。因此，二十世纪的流行音乐家詹姆士·泰勒（James Taylor）也有类似的感受："物理定律规范着音乐，所以音乐能将我们拉出这个主观而纷扰的人世，而将我们投入和谐的宇宙。"见图1-113、图1-114。

图1-113 贝多芬第5交响曲第一乐章前两小节就是动机（Motif），由此展开整段旋律，就像数学演绎，由公理出发，导出定理

图1-114　贝多芬第5交响曲第一乐章的前16小节，由上述的动机小节经由曲式原则展开成第一主旋律

## 1.2.2　结构层面

音乐是由声音和节奏建构起来的，它的"语法"及"文法"并非任意的，音乐的构成就如同数学，是被心智深层所要求的结构及组织规范着。因此，它有其基本的处理声音和节奏的规则，正如同算术中的四则运算，这些"运算"有重复（Repetition）一段乐句，反转（Inversion）一段乐句或转调（Modulation）等基本运作。作曲家从最初的动机或乐想（通常只有几小节）做起点，使用上述基本运作发展成较长的一段乐句，再将这些较长的乐句依据某个曲式（Music Form）发展成完整的乐章。如贝多芬的第30号钢琴奏鸣曲的第三乐章就是一个很好的例子：由他钟爱的16小节乐句开始：Gesangvoll, mitinnigster Empfindung。（从内心很感动的，如歌的行板）开展成6个变奏曲（Variation），见图1-115。

图1-115　贝多芬第30号钢琴奏鸣曲，第三乐章主旋律（16小节乐句）

至于什么是曲式？如同数学在过去四百多年来研究出许多形态和样式一样，西方音乐也发展出许多丰富的曲式，如赋格（Fugue）、奏鸣曲式（Sonata）、交响曲式（Symphony）等。一般而言，曲式的结构严谨，有一定的规则，很像数学中的演绎推理。因此，近年来有许多音乐学者使用抽象代数（Abstract Algebra）的方法来分析，了解曲式的结构。如平均律的所有调性形成一个可交换群（Abelian Group），这个结论让我们可以从交换群的特性看出转调规则的原理，见图1-116、图1-117。

图1-116　反转（Inversion）的例子：巴赫钢琴平均律的一小段：上半旋律的起音是A，下半旋律的起音是E，当上半旋律向上行，下半旋律就向下行等量的音高，反之，当上半旋律向下行，下半旋律就向上行等量的音高

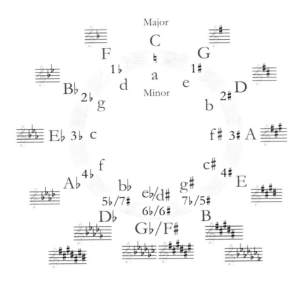

图1-117　平均律（12个音）所有的调性形成一个阿贝尔（Abelian）群，也称交换群

我们不必也不需要在此探讨什么是交换群，只要了解到：从结构层面而言，音乐与数学的关系之密切远超过我们的预期。二十世纪作曲家史特拉文斯基（Stravinsky）曾说："音乐的曲式很像数学，也许与数学的内容不相同，但绝对很接近数学的推理方式。"

### 1.2.3　创作层面

音乐创作过程和数学的演绎思考过程很类似，这过程中智性的渴望和美感的需求交织在一起，努力寻找最适切的旋律、和声、规则与合乎内在逻辑的表达形式。一般而言，音乐和数学创作都源自一个抽象概念，音乐上称为动机（motif）或乐想，数学上就是猜测（conjecture）。从这个起点开始，音乐家思索最佳的曲式将原始动机展开成完整的乐章，这个抽象的历程与数学家探索各种形态，并以演绎推理来证明或反证原本猜测的心路历程完全相同。例如，十七世纪音乐家巴赫的赋格音乐就深具数学形态的结构和变化。巴赫大部分作品在旋律及节奏上都依循严谨的对法及和声规则，因此聆听者在感受到巴赫音乐之美的同时，也深刻体会到巴赫音乐特有的数学结构之美。

到了二十世纪，由于电子音乐的发明，作曲家的表现手法有了更多的可能性：乐器不只局限于传统乐器，声音的表现也不再局限于演奏者，因而产生了很多革命性的创作，而且，很多音乐创作都引用了数学处理抽象概念和结构的方法。其中最有代表性的音乐家是伊阿尼斯·泽纳基斯（Iannis Xenakis），他认为作曲就是将抽象概念的乐想加以具体化，并赋予合理结构的创作过程。他率先将统计学、随机过程及群论等数学概念运用到创作中，在为大提琴独奏而作的Nomos Alpha就用了群论的结构，芭蕾舞剧Pithoprakta的配乐则使用了统计方法。

此外，由于电子音乐及计算机音乐的技术在过去30年突飞猛进，使得音乐创作增添了更多面向。其中很重要的面向是空间化（Spatialization）：传统音乐因受限于演奏者、乐器及演奏空间，所呈现出的音乐有一定的回音，个别回音让我们感受到音乐所存在的空间大小、声音行进的方向等。然而，使用数学方法（数位信号处理技术），我们可将音乐的回音部分修改成我们想要的空间感。现代很多电影音乐也都采用这类技术以达成所要的音效。德国作曲家斯托克豪森（Stockhausen）是其中的佼佼者，他的作品都有强烈的空间感。

从上述的实例我们可以发现：作曲家在创作过程中都有意识（如泽纳基斯）或无意识（如巴赫）地采用数学方法使音符"归序"，借以正确表达他们所要传达的音乐情感。事实上，这一点也不奇怪，毕竟，音乐和数学一样，都必须掌握抽象概念并尽可能正确、精准地表达出来。

已知数学在生活中用到的地方不胜枚举，如数学与建筑、利用计算机与数学做出动画，也与生物密码不可分离等。更甚至数学、音乐与艺术三者之间也有着相当复杂的关系，数学家毕达哥拉斯创造音阶，而约翰·伯努利与巴赫完善音程问题（平均律），欧拉更写下《音乐新理论的尝试》（Tentamen novae theoriae musicae），书中试图把数学和音乐结合起来。一位传记作家写道：这是一部"为精通数学的音乐家和精通音乐的数学家而写的"著作。牛顿发现颜色在光谱中的频率关系，并定下自己认为颜色与音阶的关系，见图1-118；而亚历山大·史克里亚宾（Alexander Scriabin）定义了颜色与音阶的关系，见图1-119。网上搜寻关键字"Three centuries of color scales"可以了解更多背景知识。这些都是数学与艺术的结合，借由各种方法来让看不见的抽象概念看得见。

图1-118　牛顿的和弦与颜色

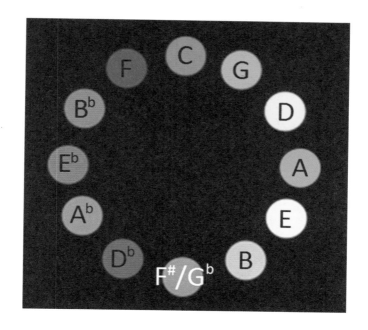

图1-119　史克里亚宾的和弦与颜色

　　到了十九世纪印象派（Impressionism）时期，有更多的艺术家思考让画作更为生动、真实、立体，他们注意到光是由很多颜色组成，可由三棱镜色散发到白光可构成彩虹，见图1-120到图1-122，黑色并不只是黑色而是深色的极致。并且在不同的光源下看到的颜色也是不尽相同。所以他们认知到不用固有的颜色来创作，而是用基本的几种颜色加以组合就可以达到想要的效果。如紫色，能以红点加蓝点并排来表现，见图1-123。这种视觉观感因为光的波长是数学函数，两个光叠在一起时，如同两函数的合成。而这种让图案更为生动立体的手法也用在现代的3D电影中，利用两台播放机与色差眼镜来制造立体感，见图1-124。

图1-120　印象派的代表作：《日
出》，取自维基共享，作者：莫奈

图1-121　《星夜》，取自维基共
享，作者：凡·高

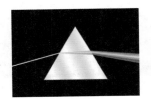 

图1-122　　　　　　　　图1-123

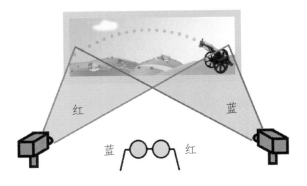

图1-124

　　而这种画法在十九世纪八十年代又被再度强化，只用四原色的粗点来进行绘画，称为彩画派，又称新印象主义、分色主义。创始人是修拉（Georges　Seurat）和西涅克（Paul　Signac）。它的概念如同电视机原理，利用人眼视网膜分辨率低，也就是画面模糊时看到的是一个整体，见图1-125。

图1-125　《检阅》，取自维基共享，作者：修拉

　　这些画法再度给音乐家创作的灵感，产生了印象主义音乐（Impressionism in music）。此主义不是描述现实音乐，而是建立

在色彩、运动和暗示之上，这是印象主义艺术的特色。此主义认为，纯粹的艺术想象力比描写真实事件具有更深刻的感受。代表人物为德彪西（Achille-Claude Debussy）和拉威尔（Maurice Ravel）。印象主义音乐带有一种完全抽象的、超越现实的色彩，是音乐进入现代主义的开端。德彪西以《富岳三十六景的神奈川县的大浪》创作音乐作品《大海》（Lamer），见图1-126。

图1-126 《富岳三十六景的神奈川县的大浪》，图片取自维基共享，作者：葛饰北斋

点彩画派也影响二十世纪音乐发展，奥地利音乐家韦伯恩（Anton Webern）就应用此方式作曲。

到了现代，数学、音乐与颜色三者的结合，替色盲患者带来了色彩，"听见"颜色。哈比森（Neil Harbisson）是一位爱尔兰裔的英国和西班牙的艺术家，为一位色盲艺术家，但他在2004年利用高科技，以声音的频率让他"听"到颜色。他将电子眼一端植入头盖骨中，而镜头看到颜色后会将信息变成对应的声音传到大脑，于是他听到了颜色。从此世界变成彩色。由以上内容可以发现数学、音乐与艺术都是息息相关的，互相影响的。牛顿发现颜色在光谱中的频率关系，并且自己定下颜色与音阶的关系。除了音乐家将和弦思考为有颜色性，表现得有色彩张力，也有画家将画作表现得有如音乐一般热闹。二十世纪初抽象派画家康定斯基（Kandinsky）在莫斯科大学成为教授之前学过经济学和法学，他使用各种不同的几何形状和色彩，企图使图像呈现出音乐般的旋律及和声，见图1-127、图1-128。

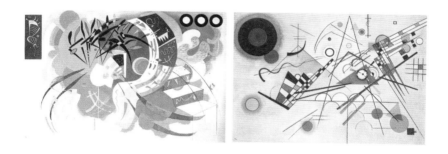

图1-127、图1-128　二十世纪初抽象派画家康定斯基的作品，他使用各种不同的几何形状和色彩，企图使图像呈现出音乐般的旋律及和声

荷兰的蒙德里安（Piet Cornelies Mondrian）是现代主义艺术家，开始时他创作风景画，后来转变为抽象的风格，他最著名的是用水平和垂直的黑线为基础创作了很多画作。蒙德里安认为，数学和艺术紧密相联，用最简单的几何形状和三原色可以表达现实、性质、逻辑，这是一个与众不同的观点。蒙德里安的观点：任何形状用基本几何形状组成，以及任何颜色都可以用红、蓝、黄的不同组合来建立。黄金矩形是一个

基本的形状，不断出现在蒙德里安的艺术中，见图1-129、图1-130。蒙德里安在1926年、1942年做的两幅画中有很多黄金矩形，并以红色、黄色和蓝色组成。

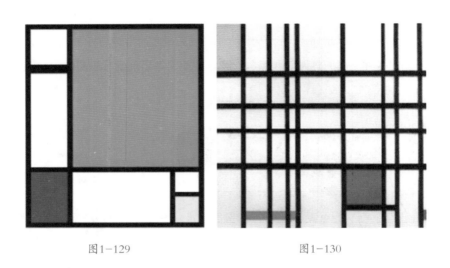

图1-129                          图1-130

同时的法国画家塞尚（Paul Cézanne），也有与蒙德里安类似的想法。他认为空间的形体可用圆锥、球等立体图形来构成，他的艺术概念经数学家研究后与空间拓扑学吻合。塞尚的风格介于印象派和立体主义画派之间。塞尚认为"线是不存在的，明暗也不存在，只存在色彩之间的对比。物象的体积从色调准确的相互关系中表现出来"。他的作品集中体现了他自己艺术思想，表现出结实的几何体感，忽略物体的质感及造型的准确性，强调厚重、沉稳的体积感，物体之间的整体关系。有时候甚至为了寻求各种关系的和谐而放弃个体的独立和真实性。塞尚认为："画画并不意味着盲目地去复制现实，它意味着寻求各种关系的和谐。"从塞尚开始，西方画家从追求真实地描画自然，转向表现自我，并开始出现形形色色的形式主义流派，形成现代绘画的潮流。塞尚这种追求形式美感的艺术方法，为后来出现的现代油画流派提供了引导，其晚年为许多热衷于现代艺术的画家所推崇，称他为"现代艺术之父"，见图1-131、图1-132。

图1-131                    图1-132

1913年，俄罗斯的马列维奇（Kazimir Malevich）创立至上主义（Suprematism），并于1915年在圣彼得堡宣布展览，他展出的36件作品具有相似的风格。至上主义根据"纯至上的抽象艺术的感觉"，而不是物体的视觉描绘。至上主义侧重于基本的几何形状（以圆形、矩形和线条），并用有限的颜色创作，见图1-133。

马列维奇的学生李西茨基（ElLissitzky）是艺术家、设计师、印刷商、摄影师和建筑师。他的至上主义艺术的内容影响构成主义（Constructivism）艺术运动的发展。因为他的风格特点和实践，自1920到1930年影响了生产技术和平面设计师，见图1-134到图1-136。

图1-133

图1-134

图1-135

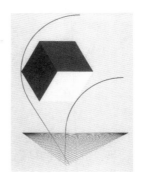

图1-136

　　新的艺术想法也带来许多具有特色的建筑物，如解构式建筑，见图1-137。

图1-137 解构主义建筑，取自维基共享，作者：汉斯·彼得·谢弗

我们可以观察到数学、音乐与艺术一直互相影响。所以想要学习抽象的数学就要从抽象的艺术来引发兴趣再来学习。

## 1.2.4 呈现层面

音乐和数学一样，都需要一套比日常语言更精准、更有逻辑性的符号系统才能正确呈现出来。在音乐，这套系统称为乐谱（五线谱），在数学，这套系统就是一大堆古希腊字母及怪异的数学符号。但是，五线谱不等于音乐，必须被演奏出来，使聆听者"听到"才是音乐。同理，数学符号也不等于数学，也需要被"演奏"，才能呈现它的意涵。然而，音乐和数学在呈现方式上有很大的不同，举例说明：大多数人都有到KTV唱歌的经验，听到音乐就可跟着唱，根本不必看得懂五线谱。为什么呢？因为音乐除了五线谱之外，还有已被演奏出的音乐让我们听得到，所以能够跟着唱。至于数学，它的"演奏出的音乐"在哪里？如何"演奏"出数学的音乐，使得学习者能经由数学符号听到或看到数学的内涵？这正是目前数学教育最大的缺陷：从小到大的数学教育花了90%以上的时间在技巧及解题（看乐谱，学乐理，做和声习题），至于数学的音乐部分（数学的内容、美学、历史）几乎完全不存在。你能想象音乐教育只教乐理和技巧，而听不到音乐吗？数学教育的现状正是如此，难怪大多数学生厌恶数学！一般数学教育的看法认为数学在各领域的应用就是数学的内容，这种看法充分显现在教材的设计中。譬如说，教到一元二次方程式之后，举例说明它在物理学上的应用，就等于交代了数学内涵。

事实上，数学内涵远超过数学应用，数学如果仅仅被理解成有用的学问，完全不提它的美学内涵，就一点也不有趣了。再以音乐为例，你能想象音乐教学仅限于电影配乐、背景音乐吗？因此，数学教学的最大挑战就是有没有方法可以使学习数学如同学习音乐一样，听到或看到数学的内涵？归纳我多年的观察及个人经验，发现天生数学好的人多半都有意识或无意识地为自己找到一套可以"看到"数学的方法，自我补足了数学教育的缺口。事实上，许多数学家，就是有各自的方式将抽象概念转为具体图像，这种能力是想象力的一种，他们有心灵的眼睛，看得见数学。这些方法一般人可以做到吗？在二十一世纪的当下，我们很幸运，拜现代科技之赐，能够经由计算机的帮助，让我们"看到"数学。在计算机问世之前，我们只能用想象力；但现在有了电脑，能够把几乎所有的方程式画出来，使我们"看到"数学。

"让看不见的东西看得见（Making the invisible visible）"，这

句话是二十世纪包豪斯表现派画家克利（Paul Klee）的名言："绘画就是要让看不见的东西看得见。"见图1-138、图1-139。

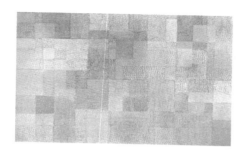

图1-138、图1-139 克利的作品以颜色形成类似和声和节奏的美

同样地，借由计算机，我们可使看不见的抽象概念看得见：看到数学，听到推理的音乐，见图1-140到图1-143。

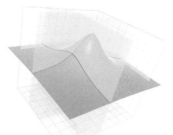

图1-140 计算机绘图让我们看得到数学方程式

图1-141 超弦理论中的Calabi-Yau曲面，计算机绘图让我们看到此曲面的直观意涵

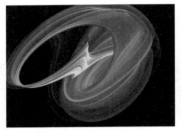 

图1-142　作者用程序画出的非 图1-143　作者用程序画出的分
线性系统在三度空间的轨迹，可 形图像
协助理解复杂系统

那么，"看得到"数学有助于理解吗？当然是的！就好比先听音
乐，再看谱就容易多了。一般而言，小学生学习算术不会有太大的困
难，因为算术的四则运算相当具体，可用图形说明加减乘除。但是一到
初中开始碰到未知数的抽象概念，问题就出现了，而且往后的抽象层次
越来越高，就越来越焦虑，越学不好。只有能够看到方程式到底是怎么
来的，才能真正掌握抽象概念，也就不需要死记一堆不必要的公式。举
例说明：

（1）为什么地表上的东西会往地面落下？一般的标准答案是因为
有"地心引力"，就我来看，这个答案毫无意义，我们干脆把地心引力
称为"魔力"也一样。问题在于这所谓的标准答案根本无法描述万有引
力这个抽象概念是如何运作的，而只有用数学方程式能把这个概念说清
楚。三百年前的伽利略花了不少时间才找到抛物线的轨迹（位移与时间
平方成正比）来"看到"引力这个抽象概念的呈现。

（2）古代人挥舞双手想模仿鸟儿在天空翱翔，都失败了。现在的
飞机，都是笨重的金属，怎么飞得起来？何况，飞机的机翼是僵硬的，

也不上下振动，如何飞？标准答案：飞机靠引擎的动力起飞。同样，这也是一句无意义的话。要了解飞机起飞的原理，必须看到流体力学的方程式，我不是说要了解流体力学方程式，只要能从流体力学方程式的图像看出引擎发动后，机翼下方往上推力会大于机翼上方往下推力就足够了。

同样的道理，很多三角函数的公式只要能够画出图形就懂了。甚至较难的微积分也一样，能够看到函数，看到微分或积分的动态图像，就很容易理解了。看到数学之后，再看推理证明，也就是先学会唱歌，再学看谱的道理。可惜，有了计算机工具的今天，数学教育的方式还是让学生套公式解问题，没有引导学生看到数学，领会到数学之美，学生没有学习的动机和兴趣，如何能要求他们学好数学？

见图1-144、图1-145，了解先看到图案再学公式。

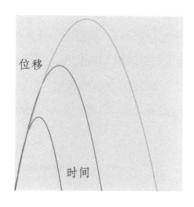

图1-144 伽利略由重力加速度的概念导出弹道轨迹是抛物线

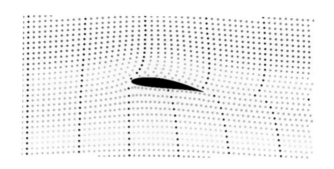

图1-145　从机翼剖面上下的气流动线（力场）可协助理解为何飞机有向上的推力，因此可以飞，其飞行原理和鸟的飞行全然不同

　　并且声音也是现代重要的科技研究内容之一，声音是数学的一部分，声音可用三角函数来表示，如前面有提到的Do、Re、Mi，三角函数是分析所有波动现象的必要工具。那么什么是"波动"呢？从物理特性而言，波动的形状应有下列特性：有波峰、有波谷，并且相同的曲线一再重复。"一再重复"的函数称为周期函数（Periodic Function）。所谓周期，就是函数曲线重复一次时，其相对应的时间长度。以正弦函数而言，每隔$2\pi$重复一次，因此是周期为$2\pi$的周期函数，见图1-146、图1-147。

图1-146　为典型周期函数（振动波形），这类波动图形在自然界非常普遍

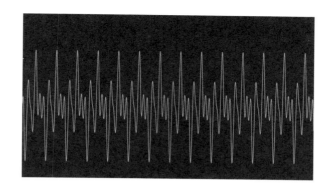

图1-147　sin($x$)与典型周期函数比较，虽然都是周期函数，然而典型周期函数的波形看来比正弦波形复杂多了，因为它是由多个三角函数组成的合成函数

　　事实上，自十七世纪以来直到现在，所有的生活层面，任何和热传导、电波、声波、光波有关的事物，都是以三角函数作为分析及设计的基本工具。同时近代的通信及传播系统，电话、电视、广播、网际网络、MP3、GPS定位系统，都是广义三角函数的应用。为什么称为波形？因为就如同涟漪、绳波一样，上下振荡波动，见图1-148、图1-149。接着介绍其他生活中常见的波形。

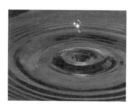

图1-148、图1-149　涟漪截面图就是波形，而这波形就是$y=\sin(x)$

a.传声筒：小时候都玩过杯子传声筒，拉紧后就可以传递声音，讲话的时候可以看到绳子有振动，而那振动就是一种波形，只是传得太快看不清楚，声波的图案就是三角函数的周期波，见图1-150。

图1-150

b.电话、网络：通信的原理也是建立在三角函数上，将说话者的声音记录成三角函数，传到另一端，然后再次转换成声音输出。电波、电子信号也是如此，不过多了一个阶段，先送去卫星，再送到另一端，见图1-151、图1-152。科技的发达可使信号传递得更清晰完整，并且降低噪声。观察信号的波动，见图1-153、图1-154。

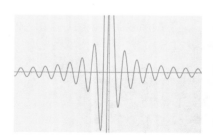

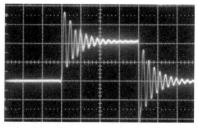

图1-151　函数$f(x) = \dfrac{\sin(x)}{x} \dfrac{x+1}{x+2}$　　　　图1-152　电波

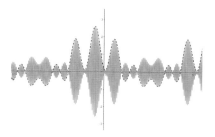

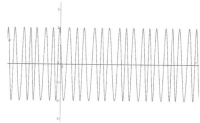

图 1－153　典型的调幅（AM），
$S_a(t)=(A+Ms(t))\sin(\omega t)$

图 1－154　典型的调频（FM），
$S_f(t)=A\sin(\omega t+IS(t))$

通信的传递电波概念，就是接收电波的频率，如收音机能调整频率来接收电波。工程师从示波器观察波形，而后用频谱仪分析频率的组成，最后得到三角函数组成的波形，再将此波形转译成声音。以上的动作如同密码学的代码查询。看看以下例子可以更清楚通信的概念。

（1）荒岛的燃烟信号——视觉：荒岛上燃烧物品制造浓烟，这对空中经过、海上经过的人就是一种信号，浓烟就是有人在求救。

（2）长城的狼烟信号——视觉：不同颜色的烟代表不同的意思，如敌人来袭、集合等。

（3）夜晚的港口灯塔灯号——视觉：用明暗交替的时间差来传达信息。

（4）行军间的旗语——视觉：由专门的人打出旗语，另一端观察，并翻译其意义，并打出回复的旗语。

（5）摩尔斯电码——听觉：利用长短音与暂停，代表字母，达到传递讯息与保密的目的。

（6）通信信号——电波：发送端将图案或是声音用三角函数记录下来，以波动的形式发送出去，也就是电波，接收端收到一连串的波动后，将波动还原成三角函数，再还原成图案或是声音。通信系统的进步，仍然是依靠着数学。法国数学家傅立叶男爵（Joseph Fourier），研究热传导理论与振动，提出傅立叶级数，傅立叶变换也以他命名，他还被归功为温室效应的发现者。傅立叶在数学上有很多伟大的贡献，其中一个是傅立叶级数。傅立叶级数：任何周期函数可以用正弦函数和余弦函数构成的无穷级数来表示。傅立叶级数在数论、组合数学、信号处理、概率论、统计学、密码学、声学、光学等领域都有着广泛的应用。而我们生活中最重要的就是要过滤噪声，以利通信，过滤噪声被称为滤波。如何滤波，先认识信号合成，已知信号是由三角函数构成，而一连串的信号就是三角函数的相加。观察图1-155、图1-156三角函数的相加，可以观察到合成后的波形及频谱。

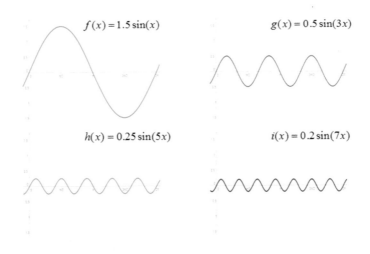

图1-155

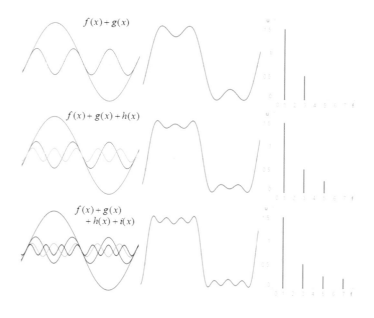

图1-156　左：函数重叠图形、中：合成后图形、右：频谱图

　　我们观察到的波形都是合成后的结果，也就是中间的图，可以看到最右边的频谱图，能观察到它是由哪些函数组成，f是函数的频率，也就是自变数部分，u则是函数的振幅，也就是系数。当我们得到各函数内容后就能得到对方要给的讯息。

　　但是实际上不会有这么干净漂亮的波形，而是会有噪声出现（白色噪声与红色噪声），见图1-157。当我们过滤掉噪声后就能方便解读有哪些函数构成，而过滤噪声需要利用到傅立叶级数。

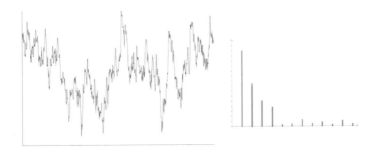

图1-157

早期电话信号常受到其他人的信号干扰，有时还会微微听到楼下或隔壁的电话内容，但近年来过滤掉噪声的能力变强，现在已经不会再受到太多噪声的干扰。

## 小结

通信的概念就是用三角函数来记录电波，以及大量微积分运算和傅立叶转换才能正确传送与接收。因为信号量过大，所以信号量需要压缩。传递途中会产生一些噪声，接收端需要想办法除去噪声，才能得到更清晰的声音质量。信号量的数字化动作（压缩与除噪）需要用到三角函数的微积分，所以说三角函数对现代通信以及数字化是非常重要的。

### 1.2.5　数学视觉化：使数学看得到的方法

既然我们希望学习数学如同学习音乐一样，可以先听到音乐再看谱，那么如何能使平常人看得到数学呢？一般而言，数学家或天生数学能力好的人都自己找到或培养出一套能看到数学的直观方法。可惜这些方法不易描述因此也很难传授。幸好由于近年来计算机绘图技术的进步，终于有了容易使用的工具让我们看得到数学。

事实上，这些数学视觉化的工具不仅是让我们看得到数学，而且可以通过互动的过程，例如改变方程式的参数或常数，感受到相应的图形如何随之而改变。这种互动的学习过程，使我们能有效率地掌握抽象概念：就像学习弹钢琴一样，一边手按琴键听声音，一边看谱，相互对照，直到弹正确为止，见图1-158、图1-159。

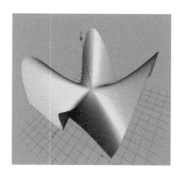

图1-158　方程式 $f(x，y)=xy(x^2-y^2)/(x^2+y^2)$ 的曲面

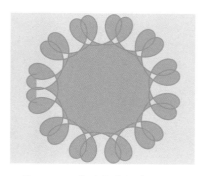

图1-159　内旋轮线摆线的图形

数学视觉化始于极小曲面（Minimal Surface）的研究，因为即使是空间直觉感很强的数学家都不易看到如此复杂的空间结构，而计算机绘图实时提供了工具，促进极小曲面的研究。此外分形几何及非线性系统更是必须依赖数学视觉化，否则根本无法掌握及描述。这些视觉化的图形，不仅可以协助我们掌握抽象的数学概念，也让我们同时感受到数学之美。事实上，已有绘画学派采用数学形态作为创作的泉源，叫做数学艺术（Mathematical Art），见图1-160、图1-161。

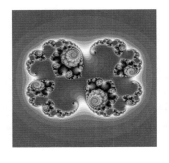

图1-160　Julia集合（分形之一）的图像

图1-161　分形艺术

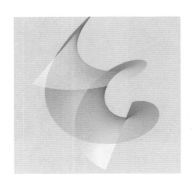

图1-162　Weierstrass螺旋面

虽然数学视觉化和数学艺术都使用计算机绘图工具，却是不同的领域，不能混为一谈。数学视觉化的目标是看到正确的数学概念及形态，而数学艺术则是以计算机绘出的数学形态为起点，最终目标是艺术表现，与正确性不相关。数学视觉化是帮助数学学习的有效工具，不但可以使学生在脑海中建构起抽象概念的具体图像，从而充分理解各种数学形态所对应的抽象符号（如方程式、函数等），同时也能感受到各种数学形态所呈现的美感，提高学习兴趣，见图1-162到图1-170。

图1-163　Kuen曲面

图1-164　Bianchi Pinkall 环面

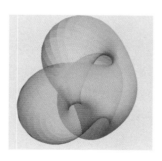

图1-165　Boy's Surface （Bryant-Kusner）曲面

图1-166　Schoen's Gyroi曲面

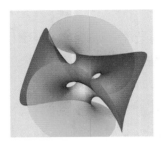 

图1-167　Chen-Gackstatter
极小曲面

图1-168　Catenoid-Enneper
曲面

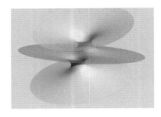 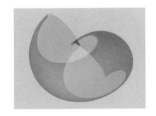

图1-169　Lopez-Ros曲面

图1-170　(K=1)-族螺旋面

因此，理想的数学教材除了已有的机械式解题技巧外，还应将视觉化的使用纳入必要的学习内容。以作者的教学经验，视觉化的使用不但可使学生快速掌握抽象概念，也降低了对数学的恐惧感，减少过多的机械式练习。数学视觉化的确可以帮助学生培养出"心灵之眼"，看到数学，也就是说，"先学画图，再看方程式"是比较有效的学习方法。

看到非线性系统：图1-171、图1-172红点是Rikitake非线性系统在三度空间中不同时间的轨迹，可明显看出：从时间1到时间2，轨迹有翻转的现象。

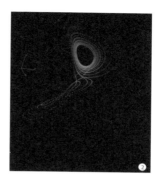

图1-171、图1-172　Rikitake非线性系统在三度空间的轨迹

## 1.2.6　结语

数学比较像艺术，不是自然科学

数学从各方面来看，最像音乐艺术

数学是推理的音乐

数学的内容不只是应用，还有它的美学、想象力及创造力

数学教育必须技巧与内容并重

计算机科技使我们看得到数学

先学唱歌，再学看谱：先学画图，再看方程式

所有真理最精确、最美丽的内容最终一定是以数学的形式展现出来。

——梭罗（Henry David Thoreau），

十九世纪美国作家、《瓦尔登湖》作者

# 第二章

# 数学与理性精神

在数学教学中，加入历史是有百利而无一弊的。

——朗之万（Paul Langevin），法国物理学家

# 2.1　为什么学数学

大家都一直说数学很重要，但又不知道数学可以在哪里应用？好像学完小学的加减乘除、单位换算、分数小数外，就没有再学习的必要。我们为什么要学习那么多数学呢？数学广为人知是科学的基础，但也无法说服大家相信数学的必要性。先看图2-1，然后我再来介绍，数学如何与生活息息相关。

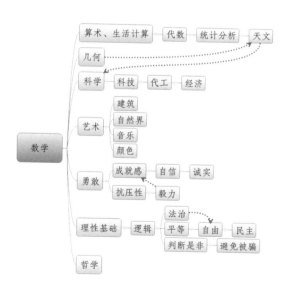

图2-1

数学被细分成这样，大多数人肯定会很讶异，因为我们从小误会算术是数学，数字的学问是数学，处理图案的内容也用到数学，再者就是学习逻辑要用到数学，所以误以为数学就是这三大部分。再就是认为数学是科学、天文的基础。事实上这些误解是翻译的问题，或是在教学上没说清楚。

数学的名称源自古希腊文mathema，其意义是学习、学问、科学，而后其意义演变为利用符号语言研究数量、结构、变化、空间。再者利用语言表达之间的关系，并利用抽象化与逻辑推理，拓展出科学、逻辑学、天文学等学问。所以数学是一切学问的基础，它涵盖的范围很广，而非只指算术与图案研究、逻辑三者。数学是理性基础，重理解而非死背。所以作者不建议学珠心算，它是训练反射动作快速，而非重理解，会破坏学习数学的热忱，让人看到数字就害怕，所以不建议学珠心算。

数学好的人大多心思细腻、考虑周全、做事情逻辑性强、学习东西较快速、理解事物也比较快、分配时间的能力也比较好，并且会在整件事情的每一个步骤都去提出质疑，不合理就不肯继续下一步，能找出问题，并且提出相对应的解决方法，具备挑战性、自信心的特质。数学是研究规律的学科，通过经验、观察及推论的逻辑思考，进而发现真理。数学是认识世界的方法。它不只是一个计算的工具，并且与所有事情都相关，如：算术、科学、民主、哲学、艺术、美德等。这在接下来将一一介绍。

### 2.1.1　数学与民主

古希腊是民主的先驱，而古希腊人是如何训练民主素养的？就是靠学习数学，柏拉图说过："学习数学是通往民主的唯一道路。"这将在2.2介绍。

### 2.1.2　数学与科学

数学是科学之母，这是毋庸置疑的，然而在很多人常把科学与科技画上等号，这是不正确的，并且不明白学习数学与科学就是在学习理性精神。这将在2.3介绍。

### 2.1.3　数学与哲学

为什么说数学与哲学有关？哲学本质上是相当具有逻辑性的，早期的哲学家都需学习微积分及逻辑，研究天体等相关知识，使人信服他的知识，所以数学与哲学具有相当大的关系。这将在2.4介绍。

### 2.1.4　数学的额外价值：带来自信

为何说数学会带来自信？学习数学是一种认识新事物的过程，需要冒险、挑战自己的怯弱、勇敢地踏出第一步，成功将会带来成就感，失败也可磨炼自己的抗压性，并且训练了耐性、毅力，最后成为自信的人。然而自信过头，需要注意不要变成骄傲。以作者的求学经验，骄傲或自信的数学系学生不屑作弊，变相培养了诚实。所以学习数学可以培养勇敢、成就感、抗压性、毅力、自信、诚实等美德。

### 2.1.5  数学与艺术

在第一章已经可以了解到数学与艺术密不可分，数学与建筑学息息相关，也与生物密码不可分离。在音乐发展上，数学家毕达哥拉斯创造音阶，而约翰·伯努利与巴赫完善音程问题（平均律），欧拉更写下《音乐新理论的尝试》，书中试图把数学和音乐结合起来。一位传记作家写道：这是一部"为精通数学的音乐家和精通音乐的数学家而写的"著作。牛顿也发现光谱和频率关系，并且自己定下颜色与音阶的关系。所以可知数学与艺术、音乐有着极大的关联性。

### 2.1.6  数学与工作

由关系图可知数学与工作有关，在此可以更详细地说明数学与工作的相关性，在《干吗学数学》（*Strength in Numbers—Discovering the Joy and Power of Mathematics in Everyday Life*）一书中，将数学能力分成六个层级，在此做些微调整。第一级：一般的加减乘除运算，生活单位的换算，重量与长度，面积与体积。以生活应用居多，对应在小学层面。

第二级：了解分数与小数、负数的运算，会换算百分比、比例，制作长条图。生活应用居多，并且在商业行为上有更清晰的概念，对应在初中层面。

第三级：在商用数学上有较多的认识，明白利率、折扣、加成、涨价、佣金等。代数部分：公式、平方根的应用。几何部分：更多的平面与立体图形。抽象概念的加入，对应在初中层面。

第四级：代数部分：处理基本函数（线性与一元二次方程式）、不等式、指数。几何部分：证明与逻辑、平面坐标的空间坐标。统计概率：认识概念。数字抽象更高一层，对应在初中与高中阶段。

第五级：代数部分：更深入的函数观念，处理指对数、三角函数、微积分。几何部分：平面图形与立体图形的研究性质、更多的逻辑。统计概率：排列组合、常态曲线、数据的分析、图表的制作。数字更抽象，并且与程序语言有较大的结合，对应在高中阶段到大学。

第六级：高等微积分、经济学、统计推论等，对应在大学阶段。

各类的职业，所需的数学能力等级，见表2-1。

我们可以利用此职业分类，去想想自己到底需要怎样的数学能力，然而我们无法保证我们会永远在同一个职业之中，而数学能力第五级可以从事第一、第二、第三、第四、第五等级的工作，但第二级却无法做第五级的工作。学生时期是相对有时间，同时脑袋也相对灵活的阶段，应该把数学、逻辑学好，这对于未来选择工作比较有帮助。

表2-1

| 工作种类 | 所需数学能力 |
|---|---|
| 工程师、精算师、系统分析师、统计师、自然科学家 | 第六级 |
| 建筑师、测量员、生命科学家、社会科学家、健康诊断人员、心理辅导人员、律师、法官、检察官 | 第五级 |
| 决策者、管理者、主管、经理、会计、银行人员 | 第四级到第五级 |
| 教师 | 第三级到第六级，随学生而变。 |
| 营销业务员、收银员、售货员 | 第三级 |
| 文书、柜台、秘书、行政助理 | 第二级到第三级 |
| 劳工、保姆、美容、消防、警卫、保安 | 第一级到第四级 |
| 作家、运动员、艺人 | 第一级到第二级 |

用另一个讲法来说明为什么需要数学。一个跑步者，为了跑出好成绩，他必须去训练很多看似与跑步无关的项目，如：上身协调性，锻炼全身的肌肉使其成为适合跑步的分布，也就是说你认为只用到脚的跑步，其实要用到很多的部位。同理我们在工作与做任何事情时，都会无形中用到数学。并且跑步者为了达到一个好成绩，需要反复训练，逐步修正问题，而不是使用禁药来达到好成绩。同理在学生阶段为了获得好的数学成绩，需要反复地计算类题，而且需要去理解，而不是死背公式与套题目。由以上的认识，就能大致了解，为什么我们需要数学与练习

数学。

## 结论

我们发现不同的工作有其各自对应的数学能力，绝大多数人，大概二到三级就已经足够使用，少部分人需要到四级以上。

职业技能要求越高的人越需要学好第四级、第五级的逻辑，否则只是用话术在骗人。尤其是学法律的人、制定法律的人、执法的人，不幸的是中国台湾的法律系学生的理性、逻辑基础训练不够，才会出现这么多不合逻辑的社会乱象。我们要改善这个社会，就应该让它建立在理性的基础上，让一切事物合乎逻辑。不管是文科、理科、医科都需要学好逻辑。

# 2.2　数学与民主

学习数学是通往民主的唯一道路。

——柏拉图（Plato），古希腊哲学家

古希腊人如何训练民主素养？靠学习数学来训练民主。数学的思维与辩论方式正是孕育民主思想的基石，数学的本质隐含学生和教师是平等的概念。因为数学的推论过程和结论都是客观的，教师不能以权威的方式要求学生接受不合逻辑的推论，学生和教师都必须遵从相同的推论过程，得到客观的结论。而且这一套逻辑推论的知识，并非由权势者独占，任何人都可学得。

因此，古希腊的哲学家明确指出：正确的逻辑推论能力是民主社会的游戏规则。反之，在别的学科，例如历史学，教师的权威见解不容挑战，因为历史学并不像数学具有一套客观的逻辑推论程序。如 2+3=5，老师不可能强迫学生接受 2+3=6。良好的数学教育可以训练学生正确且有效推论的素养，而这些长期建立起来的数学素养正是民主社会公民的必备能力。

英国教育学家汉纳福德（Colin Hannaford）曾写过：很少有历史学者知道，古希腊时期的数学教育，主要目的是为了促使公民经由逻辑推论的训练而增强对民主制度的信念，使得公民只接受经由正确逻辑推理得出的论点，而不致被政客和权势者的花言巧语牵着鼻子走。早在公元前500年，古希腊人就已深刻了解到逻辑推理是实践民主的必要条件，因而鼓励人们学习正确的逻辑推论，以对抗权势者及其律师们的修辞学（Rhetoric）诡辩。当时所谓的修辞学诡辩和现代政客及媒体的语言相同，也就是以臆测、戏剧化手法、煽情的语言达到曲解事实、扭曲结论的效果。因此，当一个社会用修辞学取代逻辑推论时，民主精神就被摧毁了。

　　不幸地，人类不易从历史得到教训，数学教育与民主制度的相依关系被完全忽视了。当今学校的数学教育只注重数学的实用部分，也就是计算，却完全忽略了数学素养对民主社会的重要性。常听到有人说：我的数学不好，但我的工作只要会加减乘除就够用了。没错，除了从事理、工、商、医之外，文、法、史、政或许只需加减乘除而已。然而，数学不仅仅是数学技巧（实用的部分）而已，数学素养（正确推理的能力）应是民主社会每个公民的基本能力。数学教育的目标并非仅训练出科学家、工程师和医生，应该像推广识字率一样，使得全民不分科系及行业，都具备较好的逻辑推理能力。

　　然而，我们的数学教育和考试制度长期忽视数学素养的训练，使得专攻文、法、史、政的学生数学素养普遍低落。其结果导致中国台湾的社会充满了以修辞学取代逻辑推论的政策制定者、官员、法官、检察官与媒体，在此环境下，民主的实践变成修辞学竞赛。

　　要改变这个状况，必得从数学教育的改革开始。首先要厘清数学是什么：数学不只是科学的工具而已，数学是人类描述及建构抽象概念的精确语言。芬兰的教育学者早在15年前就看出这个关键，因而提出如下的中小学教育政策：知识经济下的现代公民必须具备两个最重要的基本能力：一是掌握人类语言（含书写）的能力，二是掌握人类抽象思考及推理的能力。因而，芬兰的中小学教育将40％的时间用来学习芬兰语、英语及邻国语言，40％的时间用来学习数学，20％分给其余学科，毕竟，只要语言和数学够好，学习其他学科就相对容易。为了落实上述的政策，芬兰政府要求中小学数学教师必须是数学硕士以上。芬兰对国民数学素养的远见，已反映在最近几年芬兰学生在经济合作发展组织（OECD）所举办的PISA成绩上的表现，不仅是平均成绩好，最显著的成果是成绩的标准差全球最低，也就是说，芬兰学生的数学能力普遍良好，反之，中国台湾的学生PISA数学成绩平均很高，但标准差是全球最大，明显呈现两极化的成绩分布。

换句话说，学生的数学能力也呈现M型化的趋势，长此以往，将造成竞争力下降及民主素养低落的后果。不幸地，中国台湾仍有很多人喜欢自称数学不好，言下之意是数学不重要，数学不好也一样可以混得很好。事实上，这是对数学的极大误解。

比方说，大多数人都可以理解语文教育的目标并非在于造就许多文学家，而是在基本语言能力之外，培养欣赏文学的素养。同样的道理，数学教育除了基本的数学技巧（加减乘除）训练之外，更重要的是培育现代公民的数学与民主素养，也就是上述的正确推理及独立思考的能力。

社会误解数学的主要原因来自错误的数学教育方式：学生被迫做太多的机械式练习，记忆各种题型的标准解法，因而没有足够的时间学习正确推理的方法及内涵。这种数学教育和民主精神是背道而驰的。老师永远有标准流程与答案，而学生缺乏信心推理出不同的解法。在这种情况下，学生无法领会到数学推理的威力，因而也未能发展出独立思考的能力。

在大多数人缺乏独立思考能力的情况下，有权势者就用修辞学取代逻辑推论，使得民主实践只剩下空壳子。要改变这种状况就必须从改变数学教育的方式下手，使学生明白数学课堂没有权威，学生有追根究底的权利，有独立思考的责任。当大多数人具备这些能力时，民主制度才能具体实践。

学数学能懂得民主的真意，更向下延伸可以学到更多的公民素养，数学让老师与学生是平等的地位，只要有问题、瑕疵就可以不认可该公式，可以提出质疑，可自由提出异议，而这就是民主的素质之一。民主是以民为主，如何让掌权者以民为主，就是永远不信任他，或可说是监督他避免他出错，让掌权者认真小心地做事，所以必须一切摊开在阳光下，禁得起大众检验。同时如果把民主误会成多数决，基本上很大可能会变成多数决暴力，或是以为选出民选代表，请他们来多数决就是民主。但如果不能监督代表，或是代表只服务自己所属的阵营，这都不是民主。

学习数学可以增加逻辑性，法规也是建立在逻辑上，不然不合理的法规无法使人信服，同时当每个人的逻辑都有一定进步，对于社会的稳定也有着提升的作用，会自我检验做事、说话的逻辑正确性，可以降低纷争，甚至降低犯罪的行为，所以逻辑变相来说可以提升整个社会风气。所以说数学是民主的基石，是理性的基础。有了数学、逻辑与理性基础后，才能进一步了解平等、民主、自由、法治等素养。

欧几里得是著名的数学家，著有数学经典《几何原本》，深刻影响了几何学的发展。他也曾教导过国王托勒密几何学，国王托勒密虽然有着聪明的头脑，但却不肯努力，他认为《几何原本》是给普通人看的。向欧几里得问说："除了《几何原本》之外，有没有学习几何的捷径。"欧几里得回答："几何无王者之道！"（There is no royal road to geometry!）意指，在几何的路上，没有专门给国王走的捷径，也意味着，求学没捷径，求知面前人人平等。

# 2.3　数学与科学

## 数学与科学的关系

数学不等于科学，而科学也不等于科技。在华人文化圈，许多人把科学与科技混为一谈，把它当作船坚炮利的基础；同时把数学当作科学/科技的基础。然而这些讲法太过片面，不够完整。为何说太过片面？要知道数学是学习自由、理性的方法，更是学习民主的方式。并且数学是科学的语言，而科学是研究自然界的现象，所以要了解，数学不等同于科学。

## 科学与科技、技术、力量的混淆

大部分人还常把以下名词都混为一谈，科学与科技、技术、力量。这一部分的问题也与逻辑有关，把因果关系当成等号。实际上，先发展科学，再与技术结合，变成科技。为了快速生产科技产品，或是避免核心内容被窃，或是为了效率而分工，拆成各部分的技术，之后再组合起来。而这正是大家所看到的最直观的部分，只要有技术面，就能得到力量。

所以是因果关系：有科学→有科技→有技术→有力量。但却常被混淆为等号：有科学＝有科技＝有技术＝有力量。

最后大家只注重结果，有技术与力量能操作就好，对于其他的"差不多"就好，见图2-2。也正是差不多的这种习惯，才会使逻辑的发展更为低落。所以当我们能认清本质、注重逻辑、不要随便，才能发展出逻辑、理性、自由、民主等精神。所以学习理性精神，比实际应用性更重要。

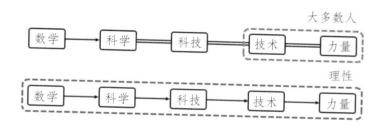

图2-2

## 2.4　数学与哲学——逻辑的重要性

古代西方的三大哲学家是苏格拉底、柏拉图、亚里士多德，他们是师生关系，苏格拉底是柏拉图的老师，柏拉图是亚里士多德的老师。亚里士多德创立了亚里士多德学派，由于教学方式常为一边散步一边授课，又称为逍遥学派。亚里士多德研究的学问有哲学、物理学、生物学、天文学、大气科学、心理学、逻辑学、伦理学、政治学、艺术美学，几乎是涵盖了所有的领域。

逻辑与哲学间的关系，有着不同的说法：斯多葛学派认为逻辑是哲学的一部分；逍遥学派认为逻辑是哲学的先修科目；而罗素则认为逻辑不是哲学。在十九世纪前，逻辑、文法、哲学、心理学，是模糊在一起的。到十九世纪后，弗雷格宣称，逻辑就是算术，其法则不是自然法则，而是自然法则的法则。也就是说逻辑是一切规则的基础。

以今天大多数人的感觉，逻辑只是数学的一部分，用来证明数学定理。但其实我们在对话时使用的文法，正是逻辑的延伸。逻辑可以分为两个方向，一个为数学方面，另一个是逻辑基础和逻辑基本观点的分析与探讨，现在称逻辑哲学与形而上学，这两门可被归类为哲学。当我们不去看哲学问题时，可只讨论纯逻辑部分。但我们在厘清哲学的概念时，逻辑是不可或缺的工具，所以逻辑与哲学是密不可分的。所以学哲学，要先学逻辑，而学逻辑可从数学中学。

## 2.5　数学是西方文化之母——数学素养是理性社会的基础

愚昧者将偏见认为是理性，如果我们不用数学当指南，用经验当火炬，人类文明根本无法向前进一步。

——伏尔泰（Voltaire），法国启蒙思想家

数学教育的重要目标之一是训练出有独立思考、独立行动能力，且不易受别人左右的个人。

——爱因斯坦（Albert Einstein），美国物理学家

什么是数学素养？就像文学素养一样：我们学语文，在习得基本语文技巧的同时，也培养出欣赏诗词及散文的能力。很多家长让小孩从小就学钢琴、小提琴，其目的并不一定要让小孩成为音乐家，而是希望能培养出音乐素养。同理，正确的数学教育应该在教导基本数学技巧之外，同时培养出数学素养：正确的逻辑推理能力及独立思考的能力。

数学和艺术一样，都是人类文化很重要的一部分，尤其是数学精神及数学素养：正确推理与独立判断、创造，更是西方文明进展的主要推

动力。回顾文艺复兴及启蒙时期，促使思想改变的人，当数莱布尼茨、牛顿、笛卡尔、帕斯卡等人。这些人的工作不仅催生了科学革命，也刺激了社会学、哲学、政治学等非数学领域的思想家，使他们开始在各自的领域尝试以数学演绎推理的方式，建构符合科学精神的理论体系。这之后自由、民主及人权的新观念逐渐深入人心，成为近代公民社会的基础，直到今天。

启蒙时期的重要思想家如伏尔泰、洛克、康德等人皆非数学家或科学家，但他们深刻体会到：正确的逻辑推理能力和独立思考的能力是挣脱专制政体、宗教权威的不二法门。也就是说，他们的数学及科学素养催生了理性社会。

反观中国传统文化，自从汉武帝罢黜百家，独尊儒术之后，有数学、科学精神的墨家和名家被消灭，导致数学沦落成"算术"，一个有实用价值的技术而已。可见，数学及科学素养从人类文化的进程来看，确实是理性社会的基础。接着我们从西方文明的演进看数学素养与理性社会的关系。

## 2.5.1　古希腊时期

古希腊文明由于重视数学素养及逻辑推理，因而产生了人类历史上第一个民主政体，也就是雅典民主。雅典民主可以看作是一次对直接民主制度的实验，因为选民并非选举民意代表，而是直接参加对立法和行政议案的投票。雅典民主是一种公民自治，但它与现代民主制度的差异仍然是巨大的，雅典民主的参与权并非向全体居民开放，女性和奴隶被排除在选民之外。虽是如此，古希腊文明对民主概念的贡献仍是不可忽视的。从古希腊文明重视数学精神的角度而言，民主概念正是在思考什么是合理的人类社会运作方式之后推导出的逻辑结论。

### 2.5.2　罗马时期

罗马人消灭古希腊之后，对古希腊文化抱持不信任态度，罗马人崇尚武力，重视武力军功，追求实用，不重推理。对数学而言，罗马时代是一个没有太大建树的时代。鄙视数学精神的罗马帝国建立了最残暴的奴隶制度：帝国约三分之一人口是奴隶，他们没有生存权，唯一的权利是生产下一代的奴隶。这时期的其他文化也好不了多少。

### 2.5.3　中世纪

专制政体和教会结合，以上帝之名对大多数人施行压迫及思想控制，西方中世纪社会有三大力量，分别是国王、主教、有钱人，社会上所发生的饥荒、战争及任何不公平现象，教会的解释都是魔鬼的作为。一般人唯一的希望是能进天国，早日脱离这个充满不公不义、被魔鬼统治的人间。这时期的知识分子普遍缺乏数学精神及独立思考能力，即使有，也会被教会视为异端而加以消灭。正是因为古希腊文明的理性精神被湮没殆尽，中世纪的非理性社会更为黑暗与漫长，长达一千年之久。

## 2.5.4  文艺复兴与启蒙运动时期

走过中世纪、十字军东征时期之后，许多旅居东罗马帝国的学者终得返归故里。他们将阿拉伯人所保存的古希腊文明以及延伸出来的数学观念带回欧洲大陆，这是文艺复兴的起点，也可说是西方人重新发现、重新认识老祖宗的东西。文艺复兴之所以能够成为风潮，要归功于活字印刷术的出现，它将知识更快捷地传递出去。通过许多人的改良与贡献，印刷术真正蔚为流行，西方人才体会出它的魅力与力量。教会率先使用印刷术，不但印刷了《圣经》，同时也印行赎罪券，大量敛财。此时，意大利人马纽夏斯发明了斜体字及A4、A8等标准大小版型，同时还鼓励人写书，促成了当时的出版业，使知识的传播更为快速且便宜。

印刷术引发的思想革命，倒不是从科学开始。开起第一枪的是马丁·路德。马丁·路德利用印刷术，到处张贴文告，表示信仰上帝不应该通过供奉教会、主教才能进天堂，坚信自己的信仰，破除教会敛财陋习，将来也能进天堂，这才是上帝旨意。马丁·路德引爆宗教革命之后，下一波革命也接着发生。科学家通过印刷术互相交换信息、交换知识，哥白尼于是成为第一位科学革命的放火人，见图2-3。

相较于教会的地球中心说，哥白尼提出的太阳中心说引发了轩然大波。伽利略看了他的书之后，再使用自己发明的望远镜观察，结果他看到：土星旁边有好多卫星在围绕运行，因此他推论：地球应该也是个行星，绕着太阳转。

与此同时，拥有全欧洲最多天文资料的开普勒也开始相信日心说，尝试用他的天文观测资料建立各行星绕行太阳的规律。刚开始，开普勒仍然无法摆脱古希腊文明时期毕达哥拉斯的天体概念：行星绕"圆"成周。因为神造物设定为"圆"，这才是最完美的形状。

图2-3 马纽夏斯出版的亚里士多德著作

　　但以圆形轨道为模型来描述行星绕日的时间，总是有不可忽略的误差，幸好开普勒拥有科学家实事求是的精神，他放弃了毕达哥拉斯完美天体的假设，退而求其次利用椭圆轨道来计算，终于成功地解释出行星运动模式，也就是开普勒行星运动三大定律：行星绕日不是等速圆圈运动，而是不等速的椭圆运动：离太阳远，就跑得比较慢，反之，离太阳近，就跑得比较快。

　　然而，开普勒无法回答为何行星运动是椭圆轨道，反对者认为这不过是个数学把戏而已。最后牛顿出现了，终于给出了天体运动和所有运动力学一个完整且精准的数学架构。牛顿厉害在哪里呢？根据伽利略的研究假设，地面上的物体静者恒静、动者恒动，以及自由落体的位移与时间的平方成正比。牛顿认为，如果造物者在地上的规则是一定的，那么在天上的运动规则也应该是一样的，因为他深信上帝造物不会有两套标准。牛顿认为，应该可以找出，能够同时推导出天上的开普勒行星运动三大定律与地上的伽利略运动定律的数学假设。终于，牛顿找出了万有引力定律作为运动力学的基本假设（公理），再由此推导出行星运动三大定律及所有伽利略运动定律。

牛顿的巨作《自然哲学的数学原理》揭示了科学研究的方法论，他写道："自然哲学的全部困难似乎在于——从运动现象研究自然界的力，然后从这些力去阐明其他现象。我希望，自然界的其他现象亦可用相同的方法，由数学原理推导出来。"从归纳观察得到的假设作为演绎数学的起点（类似几何学的公理），经由演绎数学的推导，得到新的结论（证明出新的定理）。

牛顿使用数学方法及新工具微积分，从他所提出的公理：万有引力定律开始，不但证明了开普勒的行星运动三大定律，也证明出所有与力学有关的定理。而这些假设万有引力为公理所证明出的定理，都先后由其他物理学家经由实验验证为正确。其中最具决定性的成果是海王星的发现。科学家首先用牛顿力学导出它的质量、位置，然后在预测的时间、地点确实观察到它的存在。这可说是牛顿力学应用在宇宙的有效性之决定性证明，见图2-4到图2-6。

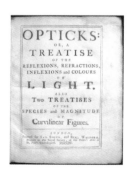

图2-4　1989年，由航行者2号所传回的海王星的照片

图2-5　1704年，第一本光学论著的封面

图2-6 《牛顿》，威廉·布莱克（William Blake）作；牛顿被描绘成一位"神学几何学者"

单从可量化验证的假设开始，使用数学演绎就能推导出真理，牛顿所揭示的方法论震撼了许多当时各学科的思想家，他们自问，既然牛顿的数学方法被验证为正确，那么其他的学科是否也应该照他的方法做？

于是哲学家开始进行反思，医学家也开始进行反思，力学如果是对的，那么人体的血液通过血管进行运输，心脏就像水泵一样将血液送进来、打出去，是否应以力学研究血流的动态？医学家哈维经由导管中水流的定量研究，证实了动物体内的血液循环现象，近代医学于是开始发展。经济学就更不用讲了，使用计量方法推算供需成长与减少，用于农作物的种植或是货币的供给问题。经济学很快地从哲学的范畴转化成计量经济学。数学方法不停地向其他自然学科迈进，促成了科学革命。这时期的理性主义影响着几乎所有领域的思维方式，正如十八世纪启蒙运动领袖们所预言，数学方法是推翻现存世界之杠杆的支点，是建造新秩序的主要工具，见图2-7。

图2-7　在他们翻译的牛顿著作扉页图上，夏特莱侯爵夫人被描绘为伏尔泰的缪斯女神，将牛顿在天上的洞见传递给伏尔泰

　　知识不断累积，所引起的涟漪接踵而来，尤其是牛顿的科学方法促使社会思想家重新思考，这些由专制政权及宗教领袖主宰的社会所产生的不公义是如何发生的，并开始研究理性社会应有哪些规范？不再全盘接受教会的人生观。然而，用科学方法看事情，在当时可说是难以想象的一件事，因为必须抱持怀疑，挑战权威，可能必须冒着无法进天

堂、与魔鬼做朋友的内外压力。许多思想家接连冒出头来，提出他们的见解，像洛克、伏尔泰就说人生而平等，也提出自由、民主的概念。科学精神彻底影响了当时人的观念，社会契约的概念也产生了，那就是人们为了个人利益与掌权者进行交换，定下社会契约，通过公开选举的认可，达成政治的手段与目的，卢梭的《社会契约论》就是这样诞生的。数学的发展经由牛顿、莱布尼茨、笛卡尔这些人的影响，造成了科学的演绎方法，这些研究方法影响了社会学、经济学等，这时期的思想家深信：必须通过数学的严谨方法才能获得知识，使西方文明发生重大改变。启蒙时代所确立的科学方法，沿用至今！

　　数学在人类迈向科学、民主的历程中，充分发挥了引领社会的功能，但这个关键点很多人都不知道。就连历史学家去看启蒙时代，可能也只看到突然间百花齐放，冒出许多科学家和颠覆传统的思想家，殊不知背后有个重大因素，那就是采用数学方法后，人类变科学了，社会变理性了。启蒙时代给我们的启示是：一个社会的知识分子、意见领袖（如当时的洛克、伏尔泰）有数学素养（正确的逻辑推理及独立思考的能力），是形成理性社会的必要条件。

### 2.5.5　中国台湾是不是理性社会

　　以古观今，我们不妨探讨当今的中国台湾是不是理性社会。首先我们界定"理性"这个译自英文"Reason"的意涵为何？英文字典的定义："the power of the mind to think and understand in a logical way."意思是：理性是能够以合逻辑的方式思考及理解的心智能力。可见理性的意涵重点在于合逻辑的方式思考及理解。

然而，当今的中国台湾似乎对"理性"有很大的误解。举例来说，一般人会认为，心平气和地谈论事情就是很理性，但这犯了一个严重的逻辑谬误，因为先决条件必先确定内容及推理合逻辑。若不合逻辑，纵使心平气和讲出来，仍是不理性；反之，若气急败坏谈事情，甚至上街示威游行，一般人会认为，这是不理性的行为。

但如果谈的内容及推论合逻辑，那气急败坏又何来不理性呢？台湾人普遍地将"理性"解读为"心平气和谈论事情，温良恭俭让"，至于合不合逻辑反而被忽视了。正因为如此，自以为理性却逻辑谬误的言论，不断地出现在各式媒体。在中国台湾，知识分子及电视名嘴们不知说了多少逻辑谬误的言论。

最常见的逻辑谬误是将原命题等同于否命题。我们先用一个广告的命题来说明这类谬论："送钻戒，就是爱她。"这个命题的前提是"送钻戒"，结论是"爱她"。于是某小姐看了此广告后就向她的男友抱怨："你没送钻戒，表示你不爱我。"这就是标准的从原命题导出否命题的谬误。逻辑上，原命题只能推导出逆否命题，也就是"不爱她，就不送钻戒"，至于"没送钻戒"，并不能推导出"不爱"的结论，因为没送钻戒也许会送更贵重的礼物。

正确的推论过程如下：

命题的四个形式　前提　　结论　　p=送钻戒，q=爱她
原命题：　　　　p　→　　q　　"送钻戒，就是爱她"原命题
逆命题：　　　　q　→　　p　　"爱她，就送钻戒"不可导出的命题
否命题：　　　～p　→　～q　　"没送钻戒，就是不爱她"不可导出的命题
逆否命题：　～q　→　～p　　"不爱她，就不送钻戒"可导出的命题

再以公共议题为例，促进签订ECFA（海峡两岸经济合作框架协议）的命题是"签订ECFA，台湾经济会增长"，先不论此命题是否正确。但常见有此推论："不签订ECFA，台湾经济就不会增长。"这个推论是错的！就像送钻戒的例子，"没送钻戒"，并不能推导出"不爱"的结论，同理，"不签订ECFA"并不能推导出"台湾经济就不会增长"的结论。中国台湾社会充斥着这类型的逻辑错误，错误的推论只要用"心平气和"的方式表达出来，大多数人就认为很理性。

官员及媒体名嘴也常利用这种"似是而非"的论述，误导民众相信或不相信一些公共政策。对于理性的误解，造成今日很多人"是非不分"。如果我们从小养成独立思考的能力，就不容易被牵着鼻子走。至于如何从小就养成独立思考的能力呢？唯一的方式恐怕只有通过学校的数学教育，让学生培养出基本的数学素养，习得逻辑推理能力。

虽然数学能力是公民素质的一个重要指标，但是现实的数学教育却只教导学生套公式、背题型以应付考试，因此很多学生花了大量时间学习数学，却也没培养出现代公民必备的数学素养及逻辑推理能力。没有逻辑推理能力的社会要付出很大的代价：耗费许多社会成本去厘清事实，耗费许多沟通的时间才能表达正确的信息，事倍功半，没有效率。

由现在的情况可知，台湾人首先要有心平气和的态度，然后才是合乎逻辑，也就是理性。当今的中国台湾显然仍不是理性社会，数学教育的缺失是原因之一。

第三章

# 数学与逻辑

逻辑是不可战胜的，因为要反对逻辑还得要使用逻辑。

——布特鲁（Pierre Leon Boutroux），法国数学家、科学史家

# 3.1　逻辑有什么用

逻辑是理性的基础，它不是数学领域的专有名词，生活中的对话也是逻辑的一种，但数学却是学习逻辑最快的道路。虽然大部分数学最后会因不常用而忘掉，但至少要学会逻辑与理性基础，因为数学带来民主、平等、自由、法治、正常的沟通。所以有必要学习数学中的逻辑。

大家都想活在一个理想社会、理性的世界，而不想要非理性的、冲动的社会，而数学正是理性的基础。芬兰最注重的就是数学与母语，而压缩其他科目的时间来上这两个科目，因为他们知道数学是最重要的，不只是科学最重要的基础，同时也是理性社会的第一步，而语言是为了更好学习数学。要有理性社会，每个人必须先有理性基础，理性基础来自于数学。

人与人的交流，要对方接受自己的言论，一直以来都有两种截然相反的方式：一是讲道理，合乎逻辑地说服对方；二是不讲道理，用暴力、威胁、利诱等手段让对方接受。难怪哲学家、逻辑学家罗素说：“只有少数人是讲道理的，而且还是在很少的时候。”这句话的意思是：讲道理的人少，而讲道理的人跟不讲道理的人很难沟通。只有两个讲道理的人才能好好的沟通，所以我们需要学会逻辑。

# 3.2 逻辑是什么

引用刘福增教授书上的分法，我们可以把逻辑分成三大种类：语言逻辑、科学逻辑、演绎逻辑。这三者的差别在哪里?

## 1.语言逻辑（非形式逻辑）

由语言与生活对话经验来学习逻辑，但这跟语系有关，不同的语系有不一样使用习惯，会造成不同的困扰。中文常见的问题如下：

a.省略前提或一句多义的问题。如：牛排不好吃。不知道是说使用刀叉吃牛排不方便，还是说牛排不美味；又如：献血车上的护士问献血者有没有固定的性伴侣，回答"没有"。这就有问题了，是没有固定的，还是没有性伴侣? 所以问话要问清楚，回话要完整。

b.因果问题的误用。如：盖核电站就有电，不盖就没电。其实是不一定。

c.省略受词会错意。如：甲对乙说：我觉得你胖，乙说：我不在乎。不知道是在乎自己胖却不在乎甲的言论，还是不在乎自己胖。

口语表述的一些习惯，容易产生问题，导致误会与争执。

2.科学逻辑（科学方法论）

科学的发展，使用尝试错误的方式发展，发现错误再修改，如一开始是四大元素：地水火风，之后变成如今的元素周期表，以及从太阳绕地球到现在地球绕太阳。

3.演绎逻辑（形式逻辑）

逻辑是因果关系，考虑前因后果，或说原因与结果，数学用语为前提与结论。如：（前提）动物会死，而人是动物，（结论）所以人会死；又如：（前提）在数学上定义最根本、大家都能接受的数学原理 $a(b+c)=ab+ac$，利用此式推出新的数学式 $(x+y)^2=x^2+2xy+y^2$，（结论）也都会是正确的。这种因果关系又称为演绎论证，也就是大家所认识的若P则Q的数学逻辑。逻辑就是判断前提到结论，这个推论有没有问题。

归纳论证不同于演绎论证，有可能会出现不同结果。例如：外星人降落到草原，发现马都是条纹状的，所以说这星球的马全都是条纹状的，这显然不对。数学上的逻辑是指演绎论证，故称演绎逻辑。

### 3.2.1　逻辑如何判断因果关系

本文将介绍基础的演绎逻辑，以及语言中常犯的逻辑错误。逻辑是判断前提到结论，这推论正不正确，所以应该要有两个句子，也就是需要两个完整的叙述。

例题1：天气好。这是一个叙述，但没有前后文可判断此句的正确性。

例题2：下雨天，带伞才不会淋湿。这是两个叙述。有前后文可判断此句的正确性。

例题3：下雨了，所以2×2=4。有两个句子可以判断逻辑。但这两句话没逻辑性。

例题4：盖核电站就有电，不盖就没电。有两个句子可以判断逻辑。这两句话的答案是不一定正确。

在认识叙述前，我们先来认识集合，集合与叙述两者间有类似性。

# 3.3　认识集合

巧用集合的概念可以对叙述有更清晰的认识，避免语句认知错误，导致对话中产生问题。

## 3.3.1　集合：认识"且"与"或"

例题1：我有170厘米且重65千克。在本句可以看到"且"，可以明白，两个叙述我都符合。

例题2：我有170厘米或重65千克。在本句可看到"或"，可以明白，我符合其中一个叙述。由一般的言语认知来学习且与或，在讨论东西时，条件比较少时还容易理解，但在条件慢慢多起来时就需要用数学来帮忙。这在数学上是集合部分的内容，通常将集合以圆形来表示，见图3-1。"且"是交集，以图案上来看是两集合重叠部分。符号是A∩B，见图3-2。"或"是并集，以图案上来看是两集合及其重叠部分，符号是A∪B，见图3-3。

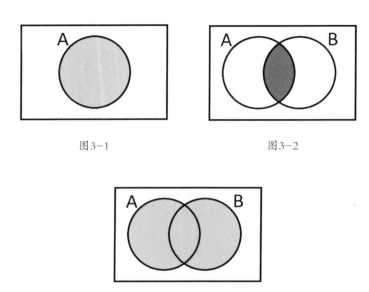

图3-1　　　　　　　　　　　　图3-2

图3-3

例题3：1到10的整数，A是2的倍数、B是3的倍数，什么数字符合A并且符合B？由图3-4可知是6。

例题4：1到10的整数，A是2的倍数、B是3的倍数，什么数字符合A或符合B？由图3-5可知是2、4、6、8、10、3、9。

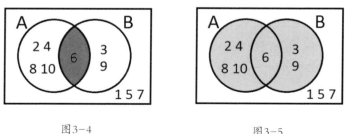

图3-4　　　　　　　　　　　图3-5

由数学图案来理解"或"跟"且"，比较好理解。

例题5：且与或的误用，禽流感H5N2事件。先了解世界动物卫生组织（OIE）与中国台湾对高病原判断的认知，从2009年起，世界动物卫生组织的认定高病原条件：

1."HAO切割位碱性氨基酸"出现4个HAO。

2."静脉内接种致病性指数（IVPI）值">1.2。

3.只要实验室所做实验死亡率高于75%。符合其中一项，就判定为高病原。

中国台湾对高病原原的认定模式：

1."HAO切割位碱性氨基酸"出现4个HAO。

2."静脉内接种致病性指数（IVPI）值">1.2。

3.临床死亡率大于正常值0.05%到0.075%连续3天以上。

必须三个条件都符合，才判定高病原。

世界动物卫生组织与中国台湾，哪一个才是真正严格为人类健康把关呢？一个浅显易懂的道理，条件越严格的话，代表越难以通过；条件越简单的话，代表越容易通过。因此我们可以看到世界动物卫生组织是严格的，只符合其中一项，就是高病原，就要扑杀鸡只；但中国台湾却反其道而行，放宽门槛，检体在世界动物卫生组织判定是高病原，但在中国台湾变成是低病原。

在这边可以发现问题：中国台湾判断检体是高病原或低病原的方法是不妥的，中国台湾把世界动物卫生组织认定的"或（OR）"变成"且（AND）"。世界动物卫生组织是三个条件符合其中一条，就符合条件，也就是说高病原是这三个条件的并集之中的元素；三个条件都要符合，才符合条件，也就是说高病原是这三个条件的交集之中的元素。由图3-6来看看差别之处，有着色部分判断为高病原，空白部分则否。

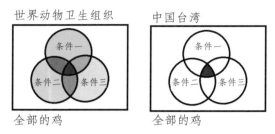

图3-6

从图可以看见，中国台湾的条件相当宽松，把许多高病原当作低病原处理，而世界动物卫生组织采用并集的方式。相较之下，中国台湾判断病原高低的方法很不妥当。并不是多加了一个条件就变严格，而是要观察里面的文字语意。

除了"且"跟"或"常会混用，我们还有一个关系常会混用。我们知道$a>b$，$b>c$，所以$a>c$；也知道$L1//L2$，$L2//L3$，所以$L1//L3$；所以常有人会将推导的关系式当作一种既有形式，而导致错误。如：$L1\perp L2$，$L2\perp L3$，所以$L1\perp L3$，见图3-7。这是错的，会有这样错误思考的人不在少数。即便是现实生活中，某部分人知道甲打乙，乙打丙，不等于甲打丙，他们仍然会混用而不去思考，这是不妥的。同样的情形在财务纠纷中也常见，甲欠乙100元，乙欠丙100元，所以可视作甲欠丙100元，这样对吗？

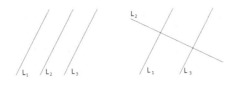

图3-7

**容斥原理**

已讨论集合的"或"跟"且"的图案观念，如果我们要计算集合内，元素（物件）的数量，将会利用图案理解。1到10，有几个偶数？答：5个。

数学的记法，令偶数集合是A，A={2，4，6，8，10}，A集合的元素数量是n(A)=5。利用图案理解，得知并集（或）、交集（且）的意义，可以帮助我们计算。

例题1：1到10的整数，A是2的倍数、B是3的倍数，有多少个数字符合A或符合B。由图3-8可知有7个。

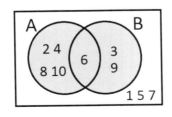

图3-8

所以是2或是3的倍数的数字有7个。但要怎么计算？

2的倍数（有5个）"加上"3的倍数（有3个），但6这个数字重复1次（2的倍数与3的倍数的交集），所以要扣去，5+3-1=7。所以可推导 $n(A \cup B) = n(A) + n(B) - n(A \cap B)$。

例题2：1到30的整数，A是2的倍数、B是3的倍数、C是5的倍数，有多少个数字符合A或符合B？由图3-9可知有22个。

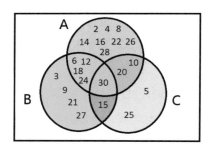

图3-9

所以是2或是3或是5的倍数的数字有22个。但用列表的方式看来不是好办法，要怎么计算？2的倍数（有15个）"加上"3的倍数（有10个）"加上"5的倍数（有6个），但6、10、15的倍数重复1次，所以要减去，其中，6的倍数有5个，10的倍数有3个，15的倍数有2个。而30这数字，被减3次，要加回来。所以，15+10+6-5-3-2+1=22。

最后可推导 $n(A \cup B \cup C) = n(A) + n(B) + n(C) - n(A \cap B) - n(A \cap C) - n(B \cap C) + n(A \cap B \cap C)$

**结论**

利用图案观念，得知并集（或）、交集（且）的意义，推导出以下原理。

1.$n(A \cup B)=n(A)+n(B)-n(A \cap B)$

2.$n(A \cup B \cup C)=n(A)+n(B)+n(C)-n(A \cap B)-n(A \cap C)-n(B \cap C)+n(A \cap B \cap C)$

此原理是为了计算集合中的数量，被称作容斥原理、又称排容原理。容斥原理也被应用到概率学上。练习这些内容，有助于推理。

### 3.3.2 集合：认识"至少"与"扣除"

例题1：我至少170厘米。在本句可看到"至少"，并可以明白，170厘米、171厘米、172厘米都符合题意。

例题2：我的钞票有很多种，但要扣除100元面额。在本句可以看到"扣除"，并可以明白，我符合其中一个叙述。

以图案来表示

例题3：1到10，至少比5大的数字，显示在A集合内，见图3-10。

例题4：1到10，扣除偶数的数字，显示在A集合内，见图3-11。

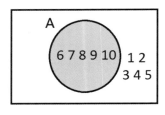 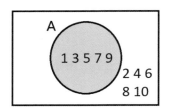

图3-10                                    图3-11

可发现至少跟扣除的概念有点类似。

在集合A外面的元素，在数学上是可以用补集$A^C$的概念来叙述。而全部的元素所在的集合称为全集U。全集U、集合A、补集$A^C$，三者的关系是：$U-A=A^C$。

两个条件的逐步筛选

例题5：10人，1到5号是男生，6~10号是女生。请问女生是奇数的有哪些？

可以这样想，先找出女生，设为集合A，再扣除偶数，设为集合B。

所以是7、9，见图3-12。

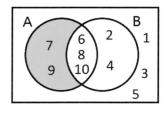

图3-12

这在数学上是差集的概念，A−B=A−A∩B。

**小结**

且、或、至少、扣除是生活中比较会用到的集合关系，以及对话上需要注意的内容，对于叙述内容可以有更清晰的认识，以免语句认知错误，导致对话中产生问题。

### 3.3.3 叙述与否定叙述

由前文可知一个完整叙述的重要性，省略将会导致误会。并且我们常会加上"反过来说的句子"，来强调第一句。如：盖核电站就有电，不盖就没电。这句的逻辑是不一定正确，但仍可以看到需要否定的叙述。而否定叙述如何写，可由以下例题，加上集合的关系，来更清楚内容。

例题1：原叙述：他有钱，见图3−13。否定叙述：他没有钱，见图3−14。

例题1−1：原叙述：此数字是2的倍数，见图3−15。否定叙述：此数字不是2的倍数，见图3−16。

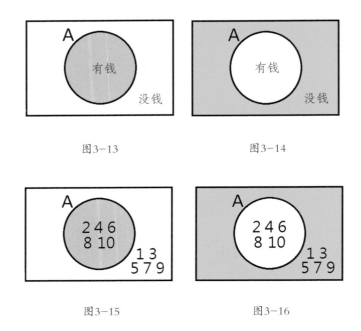

图3-13 图3-14

图3-15 图3-16

由例题1、例题1-1，可以发现否定叙述是补集的概念。

例题2：

原叙述：此人有钱，或是有卡，见图3-17。否定叙述：此人没钱，并且没带卡，见图3-18。

例题2-1：

原叙述：此数字是2，或是3的倍数，见图3-19。否定叙述：此数字不是2的倍数，并且不是3的倍数，见图3-20。

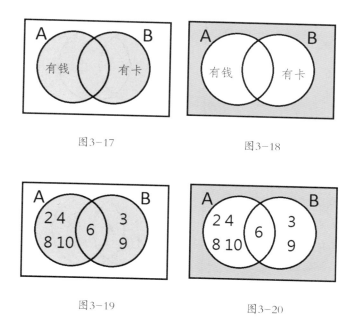

图3-17

图3-18

图3-19

图3-20

由例题2、例题2-1，可以发现否定叙述是补集的概念。

以及原叙述的"或"，到否定叙述会变"且"。

例题3：

原叙述：此人有钱，并且是有卡，见图3-21。否定叙述：此人没钱，或没带卡，见图3-22。

例题3-1：

原叙述：此数字是2，且是3的倍数，见图3-23。否定叙述：此数字不是2的倍数，或不是3的倍数，见图3-24。

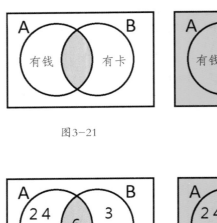

图3-21

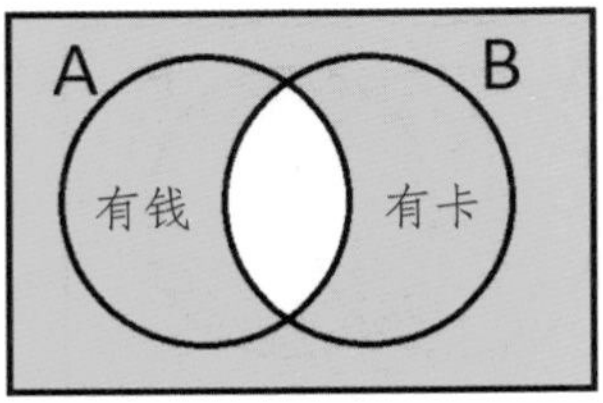

图3-22

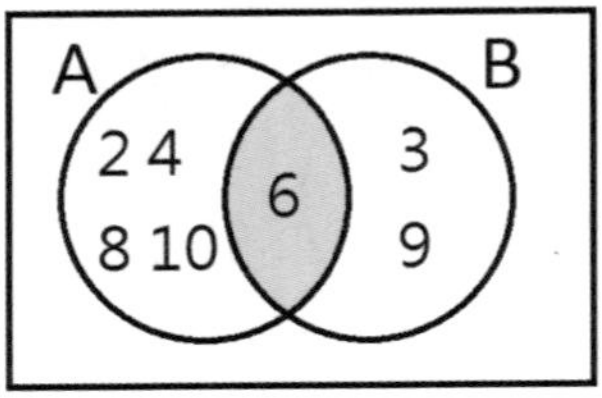

图3-23

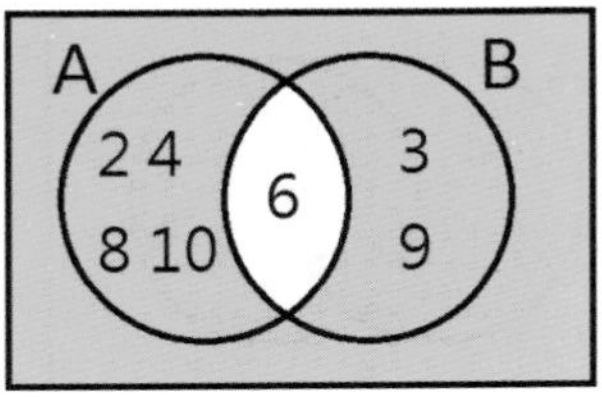

图3-24

由例题3、例题3-1，可以发现否定叙述是补集的概念。

以及原叙述的"且"，到否定叙述会变"或"。

**结论：**

由3.3可知如何否定叙述，以及在句子中有"或"如何否定叙述。以及在句子中有"且"如何否定叙述。并且与集合的补集、并集的补集、交集的补集、图案关系类似。以上这原理称作狄摩根原理。

a.集合

1. $(A \cup B)^C = A^C \cap B^C$    2. $(A \cap B)^C = A^C \cup B^C$

b.叙述

因为叙述与集合的概念类似，为了避免符号混淆，叙述的代号用p、q来表示，否定用"~"，并集用"∨"，交集用"∧"。

1．~(p∨q)=(~p)∧(~q)　　2．~(p∧q)=(~p)∨(~q)

我们要熟悉否定叙述，要多练习狄摩根原理，就可以帮助推理。

### 3.3.4 集合与叙述的重点整理

集合需要认识交集与且的概念、并集与或的概念、至少与补集的概念、扣除与差集的概念、容斥原理，以及集合的狄摩根原理；叙述需要认识如何否定叙述，以及叙述的狄摩根原理。至于更多的相互组合在此就不再介绍。

#### 容斥原理

1．$n(A \cup B)=n(A)+n(B)-n(A \cap B)$

2．$n(A \cup B \cup C)=n(A)+n(B)+n(C)-n(A \cap B)-n(A \cap C)-n(B \cap C)+n(A \cap B \cap C)$

#### 狄摩根原理

a.集合

1．$(A \cup B)^C=A^C \cap B^C$　　2．$(A \cap B)^C=A^C \cup B^C$

b.叙述

1．$\sim(p \vee q)=(\sim p) \wedge (\sim q)$　　2．$\sim(p \wedge q)=(\sim p) \vee (\sim q)$

# 3.4 如何正确推理

先前已经提到，逻辑是从判断前提的句子到结论的句子，怎样保证这两句之间推理的正确性？这两句之间又是怎样的关系？

## 3.4.1 认识前提与结果的关系

例题1：猴子与会爬树，两者的关系。

（1）猴子，会爬树。　　　　　　确定这句话是对的，判断下列三句的正确与否。

（2）猴子，不会爬树。　　　　　　　一定错误。

（3）不是猴子，会爬树。　　　　可能正确，也可能错误，因为猫咪、豹子也会爬树。

（4）不是猴子，不会爬树。　　可能正确，也可能错误，狗、马就不会爬树。

观察示意图，见图3-25。

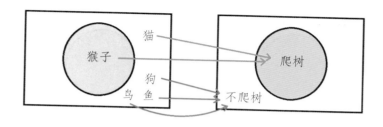

图3-25

所以，可以很清楚地知道两件事情：

（1）不是猴子，会不会爬树，都是有可能的。

（2）不爬树的，一定不是猴子。

例题2：人与死，两者的关系。

（1）人，最后会死。　　　确定这句话是对的，判断下列三句的
　　　　　　　　　　　　　正确与否。

（2）人，最后不会死。　　一定错误。

（3）不是人，最后会死。　可能正确，也可能错误，因为猫、
　　　　　　　　　　　　　狗也会死。

（4）不是人，最后不会死。可能正确，也可能错误，
　　　　　　　　　　　　　石头就不会死。

观察示意图，见图3-26。

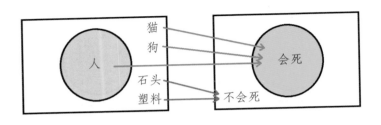

图3-26

所以，可以很清楚地知道两件事情：

（1）不是人，最后会不会死，都是有可能的。

（2）最后不会死的，一定不是人。用数学的讲法，前提是p，结论是q。

（1）猴子， 会爬树。

人， 最后会死。

前提p → 结论q 正确。

（2）猴子， 不会爬树。

人， 最后不会死。

前提p → 结论~q 错误。

（3）不是猴子， 会爬树。

不是人， 最后会死。

前提~p → 结论q 可能正确，也可能错误。

（4）不是猴子， 不会爬树。

不是人， 最后不会死。

前提~p → 结论~q 可能正确，也可能错误。

注：符号"~"是否定。

"前提p→结论q，正确"，我们称作"若p则q，成立"。

如此一来我们就认识"前提到结论"的4个情形的结果。接下来讨论这4个情形何者可用、何者产生混淆。

### 3.4.2 讨论否定前提无意义

由3.4.1可知，讨论否定前提，其结果都有可能发生。猴子，会爬树。不是猴子，可能会爬树，也可能不会爬树。人，最后会死。不是人，最后可能会死，也可能不会死。所以当我们讨论否定前提（~p）是没意义的，因为都有可能的。生活对话中常见的错误：盖核电站有电，不盖核电站就没电。第一句正确，第二句不一定正确。因为你可以火力、水力发电。

### 3.4.3 因果关系反过来讲

前提到结果

（1）因为下雨，所以马路湿。　　　p →　　q　　正确。

（2）因为下雨，所以马路不湿。　　p → ~q　　错误。

（3）因为没下雨，所以马路湿。　~p →　　q　　可能是泼水，

也可能错误。

（4）因为没下雨，所以马路不湿。~p → ~q　可能正确，也

可能错误。

用结果来推论

（1）因为马路湿，所以下雨了。　　　可能正确，也可能错误。

（2）因为马路不湿，所以是下雨了。　错误。

（3）因为马路湿，所以没下雨。　　　可能正确，也可能错误。

（4）因为马路不湿，所以没下雨。　　正确。

可以得到：

倒果为因q→p的讨论无意义。马路湿，可能是下雨，也可能不是下雨。

### 3.4.4　因果关系如何反过来讲

猴子，会爬树。　　　不会爬树，一定不是猴子。

人，会死。　　　　　不会死，一定不是人。

下雨，马路会湿。　　地板不湿，一定是没下雨。

所以当"若p则q成立"，恒成立，若~q则~p。

由3.4.3与3.4.4可知如何反过来讲。

当"若p则q成立"反过来说，是"若~q则~p成立"。

不是"若~p则~q成立"。

### 3.4.5　判断语句正确性

由本章前面已认识基本逻辑观念，可利用逻辑来判断句子的正确性。

例题1：盖核电站有电，所以不盖核电站就没电。

盖核电站发电，有电。　　　　　　　正确。

盖核电站发电，没电。　　　　　　　错误。

不盖核电站发电，有电。　　可能正确，也可能错误。

不盖核电站发电，没电。　　可能正确，也可能错误。

讨论否定前提无意义，这是错误的强调手法，

反过来说，则是"没电，一定是没盖核电站发电"。

例题2：如果老板加薪水，就不查税。所以不加薪就查税。

加薪，不查税。　　正确。

加薪，查税。　　　错误。

不加薪，不查税。　可能正确，也可能错误。

不加薪，查税。　　可能正确，也可能错误。

讨论否定前提无意义，这是错误的强调手法，反过来的说法应是"查税，一定不加薪"。

例题3：核电站发生灾害会死很多人，但概率低，所以很安全。本叙述可分为两部分，会死很多人是不安全。概率低是安全。而我们对于生命安全考量应该是高规格，条件限制要多。只要满足一个不安全就是不安全。可以用一个简单例子来反驳这段话。打雷被打到会死，但只有1个

人，并且发生被雷打到的概率很低，但"打雷"大家认为是不安全的。这段话很明显大家都认同。所以核电站相较打雷产生的死人更多、概率更大，实在没理由认为核电站安全。

此问题还要考虑期望值和概率，概率很低。假设是0.001%，但是如果核电站发生问题却是近半个台湾岛受灾，至少500万人死亡，期望值是500万*0.001%=500，并且不只是这一代的人受影响，还有下一代。所以我们还可以认为核电站安全吗？可以用一个简单例子来反驳这段话。被雷打到会死，但只有1个人，并且发生被雷打到的概率更低，假设是0.0001%，所以期望值1*0.0001%=0.000001远小于1。但大家会认为打雷时外出是不安全。那核电站相较打雷产生的死人更多、概率更大，期望值更大，为什么认为核电站安全？所以我们要知道核电站的安全性不是看概率而是看期望值。

### 补充说明

灾害这东西应该用期望值来看而非用概率来看，什么是期望值？期望值其实就是平均。我们以例题来说明可以快速地理解。有6个球，1号球一个、2号球两个、3号球三个，抽到1号给6元，2号给12元，3号给18元。那么平均抽一次会拿到多少钱？假设抽6次，取后放回，结果是：1号、2号、2号、3号、3号、3号，就是每个球都抽出来，每个球概率都一样的情形。平均抽一次获得的钱：(6+12+12+18+18+18)÷6=14。

以分数方式思考：$\dfrac{6+12+12+18+18+18}{6}=\dfrac{6}{6}+\dfrac{12+12}{6}+\dfrac{18+18+18}{6}$

$=6\times\dfrac{1}{6}+12\times\dfrac{2}{6}+18\times\dfrac{3}{6}$

　　分数就是该球的概率，期望值就是该球的价值乘上该球的概率，所以期望值就是平均。那么既然平均的彩金是14元，那么主办方只要将彩券金额设定在14元以上就不会赔钱。

　　以期望值方式来计算保险理赔。一年一期的意外险赔偿100万元，统计资料显示出意外的概率为0.1%，则保险公司每一份保单的最低应该大于多少才不会亏损？参考表3-1。

表3-1

|  | 保险公司得到的金额 | 概率 | 期望值 |
|---|---|---|---|
| 没发生意外 | $x$ | 99.9% | 99.9%$x$ |
| 有发生意外 | $x-100$万 | 0.1% | 0.1%（$x-100$万） |

　　保险公司对于保险费的期望值至少要是0，才不会赔钱，

期望值$\geq 0$

$99.9\%x+0.1\%(x-100万)\geq 0$

$99.9\%x+0.1\%x-0.1\% \times 100万\geq 0$

$x\geq 0.1\% \times 100万$

$x\geq 1000$

　　所以保险费=赔偿金额×意外的概率，而超过的部分就是保险公司的利润。当我们了解期望值与保险费用的计算原理后，就可以知道你买的保险其中有多少是被保险业抽走当利润了。

例题4：物价低，导致失业率变高。所以物价太低不好。

意味着物价高，导致失业率变低。

物价低，大家赚1年可活10年，所以不是每个人都想工作。

失业率高。　　　　　正确。

物价低，大家赚1年可活10年，大家都想去工作。

失业率变低。　　　　错误。

物价高，大家赚1年可活3年，所以不是每个人都想工作。

失业率变高。　　　　可能正确，也可能错误。

物价高，大家赚1年可活1年，所以不工作，就饿死，

只好一直工作。

失业率变低。　　　　可能正确，也可能错误。

讨论否定前提无意义，这是错误的强调手法，

反过来的说法应该是"失业率变低，一定是物价高"，这样才正确。


例题5：送钻戒，爱对方。不送钻戒，不爱对方。

送钻戒，爱对方。　　　　　　　　　　　　正确。

送钻戒，不爱对方。不爱却送很诡异。　　　错误。

不送钻戒，爱对方。可能有关心生活。　　　可能正确，

　　　　　　　　　　　　　　　　　　　　也可能错误。

不送钻戒，不爱对方。不爱当然不送。　　　可能正确，

　　　　　　　　　　　　　　　　　　　　也可能错误。

"没送钻戒是不爱她"，这句是讨论否定前提，无意义。

"爱我就要送我钻戒"，这句是倒果为因，也是无意义。

### 3.4.6 连续因果关系

人是动物，动物会死。所以人会死。$p \rightarrow q$，$q \rightarrow r$，$p \rightarrow r$。由以上例题可以很简单地理解连续因果关系。

### 3.4.7 常犯的语言谬误

谬误指的是生活中错误的观念。有些谬误可以凭直觉发现是不合逻辑，有些则不容易。但利用逻辑可以清楚地判断该推论的正确性。以下将介绍不合乎逻辑的常见谬误。

#### 1.人身攻击

不就事论事，以该对象的其他事情来攻击对方，并做出推论。

案例a

小明爱吃东西又很胖。有一天小美的饼干不见了，小美指责小明那么胖又爱吃，一定是他偷吃东西。

案例b

小华拿到超速罚单，小美便说小华没有法治观念，所以他也会偷东西。

#### 2.人身牵连

此一论调，类似人身攻击却没有那么直接，而是基于该对象的背景或是立场，予以评论。

案例a

小华是大男子主义的男人，小英很讨厌大男子主义，所以有关小华的言论她都不予以接受。

案例b

A政党的言论，B政党说：非本党的人发表的内容都不值得采信。

### 3.相似非难。你也是一样，互揭疮疤

此一论调，意在把两者间的层级拉近，用类似的事情来反击，让这次问题模糊，或是降低处罚，但都是没有就事论事，也不代表自己是对的。

案例a

弟弟打破了杯子，却说哥哥上次打破碗，妈妈没有处罚哥哥，所以这次也不能处罚自己。

案例b

A被B指控贪污，于是A请B说明B的财产来源。

### 4.诉诸群情

这是一种煽动，而非去解释该事情的正确性。

案例a

B政党对选民说：A政党答应的事常常做不到，你们还敢相信他这次打的包票吗？

案例b

用了我们家的保养品，有这么多人有效，你也赶快加入我们。

### 5.诉诸权威

相信权威说的内容，却不经思考地全信。权威的话具有一定的公信力，但不代表他会永远都对。

案例a

A政党的选民，不管内容只是一味地挺A政党的言论。

案例b

许多小孩常说，我妈妈或爸爸说不可以，却没有思考为什么。

### 6.诉诸无知

因为没人反驳，便认为自己是对的。

案例a

宋朝时，小王认为月亮会发光，而没人反驳他，于是他觉得自己是对的。

案例b

法院判断一个人有无犯罪，因为找不到任何证据来证明有罪，所以判他无罪，但很有可能是罪证被处理干净。

### 7.诉诸怜悯

博取同情。

案例a

小琪打破了杯子，妈妈要处罚他，她请求说不要打，因为会很痛。

案例b

有人去超市偷东西，被抓后请求原谅，原因是因为他肚子饿。

### 8.诉诸暴力

用威胁言论、武力来达到目的。

案例a

不给我钱就打你。

案例b

不盖核电站电厂就没电。

### 9.乞求争点，循环论证

具有两种样式。直接看案例就可明白循环的不合理点。

案例a

为什么他帅，因为他帅。

案例b

为什么有鸡，因为有蛋，为什么有蛋，因为有鸡。

### 10.复合问题，文字陷阱

一句话中包含两个以上的问题，其中一个是明显的问题并隐藏另一个问题。但回答后，却拿答案当隐藏问题的回答。

案例a

小美的蛋糕被偷吃了。对小华说：你吃了蛋糕后有没有擦嘴巴。小华说擦了。小美就说果然是你偷吃我的蛋糕。

案例b

阿宝问小黑："你都去固定的加油站加油吗？"小黑回答加油站当然是固定不会动的，哪有会动的加油站。问题设计不好：其原意是要问是固定去加哪一家的油。

## 11.偶例，偶有特例不适用

普遍认知的事情，应用到不适合执行的情形下。

案例

有个人缺钱买毒品，抢劫被关，却大喊每个人生而自由平等，还我自由。

## 12.逆偶例

与偶例方向相反。不适合的情形下，应用普遍认知的事情。

案例

麻醉剂容易成瘾，所以开刀不要用麻醉剂。

## 13.假因

有两种形式：1.推论出错误原因。2.因为两事件的连续发生，便把前者当作是原因。

案例a

小华认为马路湿一定是因为下雨。

案例b

A车车祸，B车停下协助，但A车车主认为是B车撞他。

## 14.稻草人谬误

人的意见被曲解，然后用曲解的意思来评论对方。

案例

小英的生活过得很满足，小华认为小英一定很有钱。

### 15.片面辩护

只讲好不讲坏，或是只讲坏不讲好。

案例

休息可以走更长远的路，休息可以放松心情，所以不要念书只要休息。

### 16.一语多义

由文字产生的误会，或在不同关系中，两段话不一定能串联。

案例a

牛排不好吃。是牛排味道不好，还是牛排不容易吃进嘴里？

案例b

我们常听到有人对胖子说，罗马不是一天造成的。也听过有人说，条条大路通罗马。所以不管怎么做都会胖。

### 17.一句多义

由断句，或针对对象不清楚，而产生的问题。

案例a

原句未标点断句：下雨天留客天留我不留。

案例b

他给兄弟一百。不知道完整情形，不知道是给兄弟各一百，还是只给兄弟一百要他们自己分配。

### 18.强调

用加重音或是再读一次，或是破音字，文章中用不同字体，加上标点等方式，产生不同的语意。类似一句多义，但一句多义不只用标点来产生变化性。

案例

有人生了孩子，朋友送了一副对联。

左：长长长长长长长。右：长长长长长长长。横：长长长长。

实际意义是

左：长长长长长长长。右：长长长长长长长。横：长长长长。

zhǎng cháng zhǎng chángzhǎng cháng cháng　　　cháng zhǎng cháng zhǎng cháng cháng zhǎng　　　cháng cháng zhǎng zhǎng

## 19.轻率推广

只用少数几次的情形，就推论全部都是一样。

案例a

晓美两次恋爱都与烂男人交往，所以她认为男人都很烂。

案例b

医学上某种药对30个病人用药，有25个病人有效，所以认为此种药对大多数人都有用。

## 20.合称

从小物件推论到大物件，产生谬误。

案例

一杯海水是无色的，大海也是无色的。

此类别类似轻率推论，但还是有差异，轻率推论是个体推论个体。合称是小推论大，比如说：确认车子零件时，确认几个零件都是精心制作的，所以推论整台车是精心制作的，其实有可能其他零件是有问题的。又比如说：确认车子零件，确认每个零件都是精心制作，所以推论整台车是精心制作，在此有可能在组装上是随便乱组合。

### 21.分称

合称的相反方向，从大物件推论到小物件，产生出问题。

案例

鸟类会飞，所以鸡会飞。

### 小结

我们可以发现中文不管在断句上，或是文字意义上，或是发音上，容易引起误会，虽说这也是中文文化艺术面的一环，但也产生不少问题。不论如何，熟悉这些语言错误，可以让我们避免再犯类似的问题，避免不合逻辑的语句，增加沟通方便性。

## 3.4.8 不能以直觉来判断事情

案例

A：起薪30 000元一年调5 000元；B：起薪30 000元半年调2 500元。哪个总薪水高？

大部分人会觉得A月薪高，总薪资也是A较高，真实情况呢？

看看表3-2、表3-3。结果是B累积的薪水比较多，所以我们不能以直觉来判断事情。

表3-2

| A的薪水情形 | 这半年薪资 | 累计总薪资 |
|---|---|---|
| 0~6月的月薪：30 000 | 180 000 | 180 000 |
| 6~12月的月薪：30 000 | 180 000 | 360 000 |
| 12~18月的月薪：35 000 | 210 000 | 570 000 |
| 18~24月的月薪：35 000 | 210 000 | 780 000 |
| 24~30月的月薪：40 000 | 240 000 | 1 020 000 |
| 30~36月的月薪：40 000 | 240 000 | 1 260 000 |

表3-3

| B的薪水情形 | 这半年薪资 | 累计总薪资 |
|---|---|---|
| 0~6月的月薪：30 000 | 180 000 | 180 000 |
| 6~12月的月薪：32 500 | 195 000 | 375 000 |
| 12~18月的月薪：35 000 | 210 000 | 585 000 |
| 18~24月的月薪：37 500 | 225 000 | 810 000 |
| 24~30月的月薪：40 000 | 240 000 | 1 050 000 |
| 30~36月的月薪：42 500 | 255 000 | 1 305 000 |

结论

我们不能以直觉来判断任何事情，容易出错，最好经过完整逻辑推理才正确。

### 3.4.9 逻辑的总结

1.逻辑，是判断前提到结论的过程是否正确。

2.在任何的情况下，只要"前提p→结论q，正确"，

a.讨论否定前提无意义。

~p→q可能正确，可能错误。

~p→~q可能正确，可能错误。

b.倒果为因无意义。

q→p可能正确，可能错误。

q→~p可能正确，可能错误。

c.了解"反过来说"如何叙述。

当"若p则q成立。"反过来说，是"若~q则~p成立"。

不是"若~p则~q成立"，讨论否定前提无意义。

3.连续因果关系，已知p→q及q→r，所以p→r。

4.避免常犯的语言谬误。当了解上述内容后，可以避免说出种种的言语错误，也避免被错误言论误导或被恐吓，也能降低争吵的可能性。使用中文太容易听到否定前提的讨论，或是倒果为因的讨论，最后引起争执，指称对方考虑不周，可能有错，但对方却坚持说可能对，所以可行。殊不知用逻辑看，可以一目了然地发现在讨论没意义的事情。

而这最大的原因是使用中文的人，常把因果关系当等号关系，如：下雨→地湿，当作下雨=地湿，不下雨就不地湿。习以为常地犯错，媒体与政客天天反复地胡言乱语，导致一代代的人不断地恶性循环，所以我们要使用正确的逻辑才能培养出理性素养，并且避免被言语恐吓，以为错的是对的。

## 补充说明

在讨论逻辑时，此句话为正确、成立时，英文会用truth或T来代替。此句话为错误、不成立时，英文会用false或F来代替。此句话为可能正确可能错误、未知情形时，英文会用unknown或用undecided来代替。英文因为是单词，所以可以更明确地认识到有未知的情形。因为中文用"可能对、可能错"的说法容易被人误会也有可能对，所以是对的，但实际情形是未知不能拿来讨论。

举一个简单的例子：

1.因为下雨，所以马路湿。此句话正确，或可说成立、truth或T。

2.因为下雨，所以马路没湿。此句话错误，或可说不成立、false或F。

3.因为没下雨，所以马路湿。此句话因为泼水，可能正确。

4.因为没下雨，所以马路不湿。此句话正确。

由3与4可发现，在中文使用上，"可能正确"容易产生混淆，并将下雨→马路湿，变成下雨＝马路湿，所以不下雨＝马路不湿。所以我们用以下思考方式才妥当。

3.因为没下雨，所以马路湿。此句话是未知情形，或说undecided。

4.因为没下雨，所以马路不湿。此句话是未知情形，或说undecided。

要强迫记忆，当p→q正确时，讨论~p→q及~p→~q，是未知、没意义，否则我们将会沦为逻辑不好的人。

# 3.5　利用逻辑的证明方法

利用逻辑的证明方法，p是前提，q是结论，~p是否定前提，~q是否定结论，见表3-4。

表3-4

| 1.直接证法 | p→q，当其成立时就是正确。 |
|---|---|
| 2.反证法 | 利用~q→~p，所以是p→q正确。 |
| 3.找反例 | 找出反例的情形，证明错误。推导该题目所叙述不成立。 |
| 4.数学归纳法 | 确定n=1　成立；<br>假设n=k　成立；<br>若能推导n=k+1也成立，则该数学式成立。 |

生活中比较常利用的逻辑推导：

（1）反证法。

（2）找反例，如：找极端化的例子。

（3）数学归纳法，类似以此类推，但它是演绎逻辑的证明方式，并不是语言中的归纳，不存在误差的可能性。

### 3.5.1　利用直接证法的证明

例题1：奇数乘奇数还是奇数？

令奇数是2a+1、另一个奇数是2b+1

相乘得到$(2a+1)(2b+1)=4ab+2a+2b+1=2\underbrace{(2ab+a+b)}_{\text{偶数}}+1$

偶数+1还是奇数，所以是奇数。故奇数乘奇数还是奇数。

### 3.5.2　利用反证法的证明

例题2：$\sqrt{2}$ 是无理数？

证明 $\sqrt{2}$ 是无理数，前提p是 $\sqrt{2}$，结论q是无理数。我们将要证明 ~q→~p成立，所以p→q成立。

先假设 $\sqrt{2}$ 是有理数，

所以 $\sqrt{2}$ 可以写成最简分数 $\dfrac{b}{a}$

$\dfrac{b}{a}$ 为最简分数，所以(a，b)=1，a、b互质

$\sqrt{2}=\dfrac{b}{a}$

$2=\dfrac{b^2}{a^2}$　　　　两边平方

$2a^2=b^2$　　　　移项

所以b²是偶数

故b也是偶数，设b=2c

$2a^2=(2c)^2$

$2a^2=4c^2$

$a^2=2c^2$

所以同样的a也是偶数

导致(a，b)=2

但一开始已经强调a，b是最简分数，(a，b)=1

产生矛盾

使用~q，导致~q→~p成立

所以p→q正确

故$\sqrt{2}$是无理数

所以$\sqrt{2}$是无理数的证明也不是特别复杂，如同自己挖坑给自己跳，最后知道有坑不能走，遇到要绕开。说穿了没有很难，只是大家太害怕数学而不敢去做。而此问题早在古希腊时期欧几里得的《几何原本》已有证明。

### 3.5.3 利用找反例的证明

例题3：周长越大、面积越大吗？找反例，常用极端化的例子，正方形周长40、面积100；长方形周长162、长80宽1、面积80，所以周长与面积无关。

### 3.5.4　数学归纳法

数学归纳法，对于很多人来说一直是模糊不清，也根本不知道它该用在何处。有人说归纳是以此类推的意思，所以数学归纳法是数学的以此类推。事实上两者的确很接近，但又不尽然。会有这样的问题，是因为部分人对于数学归纳法的证明不甚了解。因为它仅证明三样东西，便归纳全部的情况都是正确，这常令人感觉到迟疑。

例题4：

路上看到一条黑狗，然后又看到一条黑狗，然后又看到第三条黑狗。归纳出一个结论：狗都是黑色。但有可能是没看到其他颜色的狗。

例题5：

观察数字1到8之间的数字，发现1只能是因子，2是质数也是偶数，3、5、7都是质数也是奇数。归纳出下列结论：2是质数中的例外，而除了1以外的奇数都是质数。但我们知道9就不是质数。这就是用"归纳"产生的推论错误。

生活经验告诉我们"归纳"不是100％正确，有可能产生问题。如果找到反例，就可说明推论错误。但用"数学归纳法"证明之后，就强调数学式100％正确。这就是大多数人不能接受"数学归纳法"的地方，本文将会解释，为什么数学归纳法绝对正确，并且值得信赖。

1.为什么会有数学归纳法？

因为有些时候我们的公式，并不是靠原理去推理出来，而是靠猜出来，也就是研究数字变化，推论出一个数学式。但又需验证猜的数学式的正确性，利用数学归纳法可以帮助验证。这将在稍后例题介绍。

## 2.数学归纳法的原理

第一步：

先验证，$n=1$是正确。是为了找一个起点，说明最小情况，叙述的事情是正确的，如果连最小情况都验证失败，此叙述肯定错误。

第二步：

假设$n=k$也是正确，并且以此关系式，来推论$n=k+1$，也是正确，这样代表任意连续两情形之间，存在一个关系，上一个正确，下一个也正确的连带关系；如果不正确代表任意连续两情形之间不存在必然关系，不存在上一个正确、下一个也正确的连带关系。也将导致此叙述错误。

第三步：

我们已验证过$n=1$正确，因为第二步正确可知，任意连续两情形间，具有上一个正确、下一个就连带正确。所以连带$n=2$就正确，接着又连带$n=3$正确，如此一来就像推骨牌一样，一个接着一个都正确，导致通通都正确。最后就说该叙述是正确。

所以数学归纳法只要确定第一件事情正确。并确定第二件事情正确，就可以得到两者的连带关系成立。第三步因为文字叙述太长，予以省略，说根据数学归纳法，所以该叙述正确。

例题6：

以等差数列总和为例，我们可以知道根据高斯的原理，推导出真正的公式：

$$S=1+\quad 2\ +\ 3\ +...+(n-2)+(n-1)+n$$

$$+)S=n+(n-1)+(n-2)+...+\quad 3\ +\ 2\ +1$$

$$\overline{2S=(n+1)+(n+1)+(n+1)+...+(n+1)}$$

$$2S=(n+1)n$$

$$S=\frac{(n+1)n}{2}$$

但我们也可以利用数学归纳法，推论这公式是完全具有公信力，不会出错的。

例题6-1：$1+2+3+...+n=\dfrac{(1+n)n}{2}$用数学归纳法验证此式是否正确?

第一步：先确认最小情况是否正确。

$n=1 \rightarrow$ 左式$=1$、右式$=\dfrac{(1+1)\times 1}{2}=1$，所以左式等于右式，最小情况正确。

第二步：假设在某数$k$的时候是正确，以及推论某数$k$的下一个数，$k+1$也是正确。

$n=1 \rightarrow 1+2+3+...+k=\dfrac{(1+k)k}{2}----$（＊）
　　　　　　　假设左式等于右式成立

$n=k+1 \rightarrow 1+2+3+...+k+(k+1)=\dfrac{[1+(k+1)](k+1)}{2}$
　　　　　　　利用（＊）来说明左式等于右式

左式$=1+2+3+...+k+(k+1)$

$$=\frac{(1+k)k}{2}+(k+1)$$

$$=\frac{(1+k)k}{2}+\frac{(k+1)2}{2} \qquad 通分$$

$$=\frac{(1+k)}{2}(k+2) \qquad 提取公因式$$

$$=\frac{(1+k)(k+2)}{2}$$

$$=\frac{(1+k)(k+1+1)}{2}$$

$$=右式$$

可以得到上一个正确，下一个就正确的关系。

第三步：因为$n=1$正确，连带$n=2$就正确，接着又连带$n=3$正确，以此类推通通都正确，所以该公式正确。

或者省略上述两行，直接说根据数学归纳法，该公式正确。

例题7：$1+2+3+...+n=\frac{(2+n)n}{3}$用数学归纳法验证此式是否正确？

第一步：先确认最小情况是否正确。

$n=1\rightarrow$左式$=1$、右式$=\frac{(2+1)\times 1}{3}=1$，所以左式等于右式，最小情况正确。

第二步：假设在某数$k$的时候是正确，以及推论某数$k$的下一个数，$k+1$也是正确。

$$n=k \to 1+2+3+...+k=\frac{(2+k)k}{3}----（*）$$

假设左式等于右式成立

$$n=k+1 \to 1+2+3+...+k+(k+1)=\frac{[2+(k+1)](k+1)}{3}$$

利用（*）来说明左式等于右式

左式$=1+2+3+...+k+(k+1)$

$$=\frac{(2+k)k}{3}+(k+1)$$

$$=\frac{(2+k)k}{3}+\frac{(k+1)3}{3} \quad 通分$$

$$=\frac{2k+k^2+3k+3}{3}$$

$$=\frac{k^2+5k+3}{3}$$

$\neq$右式

无法建立连续2个整数的上一个正确、下一个就正确的关系。

第三步：虽然$n=1$正确，但无法使用数学归纳法推论每一项都正确，所以该公式并不正确。

例题8：观察图3-27点的数量，推论数学式

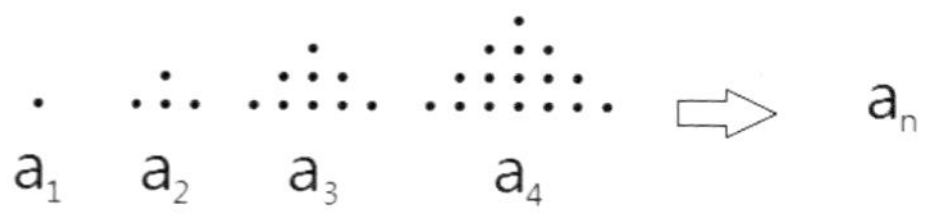

图3-27

可写作

$a_1=1$

$a_2=1+2+1=4$

$a_3=1+2+3+2+1=9$

$a_4=1+2+3+4+3+2+1=16$

发现

$a_1=1=1$

$a_2=1+2+1=4=2^2$

$a_3=1+2+3+2+1=9=3^2$

$a_4=1+2+3+4+3+2+1=16=4^2$

所以猜测$a_5=1+2+3+4+5+4+3+2+1=25$，

或是利用$a_5=5^2=25$。

观察图3-28点的数量

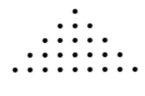

图3-28

的确是25点。

所以推论$a_n=1+2+3+\cdots+n+\cdots+3+2+1=n^2$

例题8-1：由例题8发现，$1+2+3+\cdots+n+\cdots+3+2+1=n^2$，用数学归纳法证明正确。

第一步：先确认最小情况是否正确。

$n=1$→左式$=1$、右式$1^2=1$，所以左式等于右式，最小情况正确。

第二步：假设在某数k的时候是正确，以及推论某数k的下一个数，$k+1$也是正确。

$n=k$→$1+2+3+...+3+2=k^2----$（＊）

　　　　　假设左式等于右式成立

$n=k+1$→$1+2+3+...+k+...+3+2+1=(k+1)^2$

　　　　　利用（＊）来说明左式等于右式

左式$=1+2+3+...+k+(k+1)+k+...+3+2+1$

　　　$=1+2+3+...+k+...+3+2+1+(k+1)+k$

　　　$=k^2+(k+1)+k$

　　　$=k^2+2k+1$

　　　$=(k+1)^2$

　　　$=$右式

可以得到上一个正确，下一个就正确的关系。

第三步：因为$n=1$正确，连带$n=2$就正确，接着又连带$n=3$正确，以此类推通通都正确，所以该公式正确。

或者省略上述两行，直接说根据数学归纳法，该公式正确。

### 3.5.5 结论

由以上的例题，可知数学归纳法，是值得信赖并100％正确的，虽然对公式怎么得来，并不一定清楚，然而我们仍然可以验证该公式对不对，因为这正是数学迷人的地方，我们不见得一定要用该作者发现的方式来验证公式正确性，我们可以借由数学归纳法来验证公式是否正确。

事实上，很多时候的公式也是先推理或是拼凑出来，然后用数学归纳验证是否正确，再去思考怎样抽丝剥茧，找出顺序来证明该公式，使其公式的证明再一次地被强化，足以被大家所相信。

同时数学归纳法的名称，感觉好像不是很严谨。数学归纳法的命名类似统计名词，"归纳"这一词令人感觉好像可能有瑕疵，好像是用一堆数据归纳出一个结论，而归纳的东西总是令人不安。其实数学归纳法根本就不是归纳的意味，它就是一个谨慎的演绎法，是一个100％值得相信的方法，只是名称令人不安。事实上作者认为可能是命名错误。也许我们应该说这是数学推论法（Mathematical Inference，仍是MI），或说数学演绎法（Mathematical Deduction），但用了这么久只能将错就错，不可能更名，也不可避免有初学者因名称而产生误解。

#### 补充说明

作者认为现在教学书写的数学归纳法，不该用简写带过。学生在不了解数学归纳法的情况下，怎可以用"因为数学归纳法"来做总结？简写文字是给数学家的，对于初学者学习时，不应该有太多的简写行为。

回顾数学归纳法证明的流程

$n=1$ 正确

$n=k$ 正确

$n=k+1$ 正确

因为数学归纳法，所以得证。

　　"因为 $n=1$ 正确，以及任意连续两个都正确，可以推导（推论）$n=1$ 正确所以 $n=2$ 正确，连带 $n=3$ 正确，$n=4$、5、6、7、8、9……全都正确。"将这段文字。省略后，看不到哪里有归纳与推理的意思，数学归纳法的精神应该是着重在推论才对，写成"因为数学归纳法"，省一些字，让学生不懂数学归纳法内容，因小失大。

# 第四章

# 如何降低数学恐惧

如果用小圆代表你们学到的知识，用大圆代表我学到的知识，那么大圆的面积是多一点，但两圆之外的空白都是我们的无知面。圆越大其圆周接触的无知面就越多。

——芝诺（Zeno），古希腊哲学家

1814年，俄、奥、普联军兵临巴黎城下，巴黎理工学校学生要求参战。面临灭顶之灾的拿破仑却说："我不愿为取金蛋杀掉我的老母鸡！"后来，这句名言被刻在巴黎理工学校阶梯大教室的天花板正中心，激励着该校师生奋发好学。

——拿破仑（Napoleon），法国军事和政治领袖

# 4.1　将数学放回人类文明中

### 4.1.1　数学家在想什么?

十九世纪一个伟大的数学家高斯曾讲了一个小故事,他说,数学家很狡猾,就如同狐狸一般,走路的时候会用尾巴磨平脚印。数学家在思考一个问题时,脑子里其实杂七杂八,并不像产生出来的数学式子这么样的规律与完美,他会尝试各种结果,也许会有很多挫折与错误,但只要结论出来,他就会把过程通通擦掉不谈,所以数学家如同狡猾的狐狸。

不过,从错误的过程里去了解数学,对学生而言,是非常重要的一件事,一般人都从错误中去学习事物,骑脚踏车也是跌跤几次后才会的。可是现在老师用整理出来完美、干净的数学结果,来进行教学,若从错误学习的角度下手,是现行教育方式和时间上所不允许的。所以要有一个新的教育方式,如:从画图、捏黏土、玩积木过程中去体验数学。

### 4.1.2 把数学家走过的历史痕迹画出来

过去的数学家，只要做出来的定律能满足并符合大自然现象，就可以了，例如牛顿的万有引力定律，解释苹果只会往下掉，而不会往左或往右掉，靠直觉出发，不必严谨。了解历史的脉络后，再去理解复杂的数学公式可能比较好。

如何简单学习？就是从错误中学习，走过科学家的足迹，利用直觉去了解问题，让这些变成学习的一部分。学校中的一些假题目或是老问题，总是一成不变，才让学生沦为只会死背、痛苦学习数学的人。

最近发现一个笑话，那就是目前学校教的微积分的内容与应用方式，其实跟一百年前的微积分差不多。在大学里，还在讲牛顿力学，今日微积分的运用，早超出力学了，数学教育显得太过局限。现在每个人手上都有智能手机，都有全球定位系统，这项功能与简单的解析几何有关，生活中都能接触数学。在还没发明计算机的时代，一些数学方法必须用复杂的数学去运算，但是现在科技进步，不必再去学那些老掉牙的东西了，学了没必要也没意义。让学生继续学习脱离生活现实的东西，难怪学生会有数学无用论的想法。

如何从二十一世纪出发，重新思考、运用新时代新生活观点，去写数学教材，进行"教育用数学"，而非狭隘的"数学教育"是值得探讨的。否则毕业后用不到的东西，学生何必要学。个人认为早就应该重编数学教材了！因为数学存在生活中，不能不用到，等到要用就是"书到用时方恨少"。

### 4.1.3　书到用时方恨少：数学的使用与发明

数学中有一种贝兹曲线，这种曲线在二十世纪初被应用，法国雷诺汽车厂为了要制作流线型的车身，就以贝兹曲线为准，设计给机器去做两点间的圆弧线裁割。在计算机上，不止可设两个控制点，除了任何曲线均可裁割，满足车厂需求外，也能设置多个控制点，造成一种立体视学动态的美感。小画家软件中的曲线就是贝兹曲线的应用。

美工设计专业的学生，以为自己读美工不用数学，结果现在必须回过头来学习贝兹曲线。谁说数学无用？数学的广泛运用就是在网络世界，网络世界中非常需要各种绘图软件做网站，电影《魔戒》也大量用到贝兹曲线，进行人物的跳动。从数学式子变成车厂裁割程序，现在也变成具美感动态的设计概念。文艺复兴时代达·芬奇的老师皮埃罗发明了三度空间的透视法，一张平面图画纸上，使用投影几何法将画布中人像栩栩如生展现出来。反而是艺术家的需要，促进数学的发展。当时的画家为了学会三度空间的画法，不断地练习数学，并且也找出光线切在平面点上，两个平行线将会交在无穷远处的点（一般数学的理解是两平行线永不相交）。

网络上有种叫作"彩带舞"的软件，也是使用贝兹曲线与Flash去制作的，见图4-1。数学家利用实时运算让彩带运动而不间断，这项小科技已经让艺术家望尘莫及了，所以，艺术家更需要学数学。可参考此链接：http://www.openprocessing.org/sketch/48672。

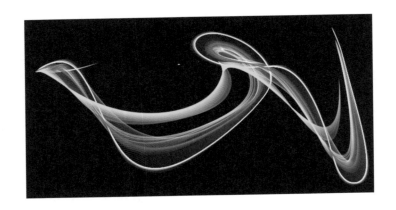

图4-1

在拉丁文中，Mathantic意为魔术，也就是能够创造神奇事物的学问。文艺复兴时期，艺术对数学造成影响，导致数学也为了艺术而改变，为了将三度空间表现出来，而使用数学这项技术，让画中人物栩栩如生，与观者对话。

在计算机和互联网应用上，数学让人不得不亲近，有人因为工作的需要重拾数学，有人因为无法理解而放弃了这块新兴行业，可见数学是非常有用的。因此，我们要将数学放回人类文明洪流中，因为这是一个完整的知识，必须找回来，为大家所用。

## 4.2 生活中必须懂的数学：M型社会与GDP

M型社会是一个两极化、贫富差距很大的社会，但对于部分民众也就仅止于这样的认识，对真正M型社会的实际意义并不明白，甚至连哪边跟M有关系，都不是很明白。M型指的是不同年收入对应人数的连线，其呈现M的形状，因此得名，见图4-2。

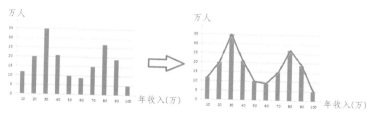

图4-2

两个高点代表领该薪水人数特别多的区块，以本图为例就是，年收入30万和80万（指新台币）的最多。在M型社会，全体平均年收入的数字是没有意义的，对于大多数人，该数并非贴近自己的收入。这里可以举一个极端的例子，班上50人，25人考0分、25人考90分，全班平均是45分，这平均值无法描述同学的大概成绩。

相同的，在M型社会的平均收入也就失去意义，因为两个人数多的部分彼此在拉平均，平均反而落在两高峰的低谷之中，而低谷代表的意义是人数少的部分，所以说，如果是M型社会所报出来的平均收入，大多数人都不会认同，因为跟自己的收入都差太远，有钱人不会在意，而低于平均以下的人就会想说，这数字跟自己一点关系都没有，或是认为自己认真工作收入还是在平均以下，见图4-3。

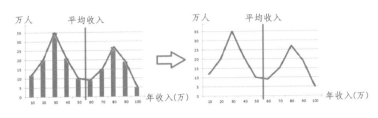

图4-3

避免数据无感，需要画出图表，图表上用曲线就可以，因为可以把两个年度的曲线拿来作比较分析，就可看出曲线变化，并进而发现贫富差距的变化情形，且能观察社会是哪一种M型曲线，见图4-4。

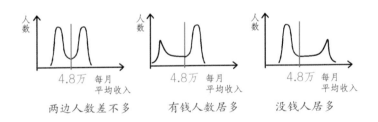

图4-4

1.如何从两个年度的曲线发现信息？

假设：下列为两个年度的曲线，见图4-5。

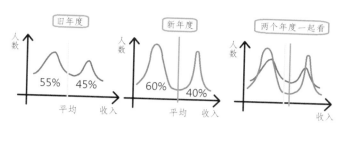

图4-5

对比左边与中间的图，可以看出人数"高峰"创新高，代表M型化的加剧。经计算后，可以得到平均收入以下的人数百分比，进而得知贫富的分布，知道自己是属于哪一个部分；再者我们可以知道失业的人收入很低，借由图表推算可以知道年收低于多少是属于失业人群，进而判断两年度失业率的变化。将两年度合并起来看，可以更明确地看到变化，虽然可以观察到平均值向右移，代表平均值有所提升，但两边高峰的部分更往两边，代表贫者越贫、富者越富。造成这个现象的原因很多，有社会动荡、产业外流、全球经济的影响等。高学历的人因经济状况不好，为了给小孩更好的生活，选择晚婚、晚生、不婚、不生，低生育率带来更多问题，不断恶性循环，贫富差距就更大（一切都要依真正图形来说明，这只是一个可能会发生的情形）。

使用平均收入讨论大家生活过得好或不好其实不具意义。观察图4-6可发现此种图表讲平均的意义不大，因为后半阶段的人没感觉，前半段的人无所谓，符合这种图形的社会被称作M型社会。此种图形有缺陷，那应该用哪一种数来描述呢？我们应该用中位数来描述才比较贴近大家的观感，见图4-7。

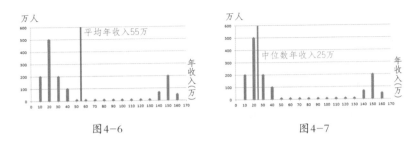

图4-6　　　　　　　　　　　　　　图4-7

或是直接看图表才能知道收入情况。用平均来讨论收入时还必须与标准差一起讨论。接着让我们认识一下标准差和常用的统计名词：其意义与使用时机，见表4-1。

表4-1

| 名词 | 意义 |
|------|------|
| 平均 | 总和除以数量，符号为 $\bar{x}$。用在大家都是差不多的情形，不受极端值影响的图表。 |
| 中位数 | 最中间的数字，或是数量是偶数时，取最中间两个的平均。用在易受到极端值影响的情况，如M型曲线。 |
| 众数 | 数量最多的数值。用在品管等场合。 |
| 标准差 | 每笔数据减去平均的平方，加总后再除以数量，再开根号，符号为 $\sigma$，$\sigma = \sqrt{\frac{1}{n}\sum_{i=1}^{n}(x_i - \bar{x})^2}$，此数据可观察图表分散程度，$\sigma$ 越大分布越广。 |

## 4.2.1　标准差是什么

对大部分人来说，标准差是一个陌生、难以看懂的东西，所以通常统计报表不一定会做出标准差给大家看。平均数大家应该都不陌生，在绝大多数情况，都用平均数来解决问题，或是说只会用平均数来看事情，这造成了不精准的判断。

利用标准差及算术平均数，能帮助判断各部分的数量，举一个例子：一群人出去玩，这群人身高平均165厘米，标准差是7厘米；另一群人身高也是常态分布，这群人身高平均165厘米，标准差是3厘米。

这两群人看起来就不一样，因为标准差的不同。前者标准差大，身高在人群中的分布比较"分散"，68%的人是平均数加减一个标准差的范围内，165−7=158、165+7=172，所以68%的人身高在158~172厘米之间。后者标准差小，身高的分布相对集中，68%的人是平均数加减一个标准差的范围内，165−3=162、165+3=168，所以68%的人身高在162~168厘米之间。很明显可以看出，后者的分布比较集中，可以看图4−8来认识。

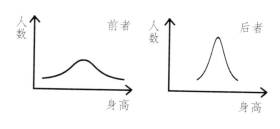

图4−8

或由数学式认识标准差：$\sigma = \sqrt{\dfrac{1}{n}\sum_{i=1}^{n}(x_i - \bar{x})^2}$ 的意义，如果每笔数据距离平均越远、越分散，$x_i - \bar{x}$ 越大，$\sigma = \sqrt{\dfrac{1}{n}\sum_{i=1}^{n}(x_i - \bar{x})^2}$ 就越大。数据越分散，标准差越大。

**结论**

如果用图表及算术平均数、标准差，说明人们的收入可以更让人知道精准的生活状况，如下图：根据三个标准差切开，观察各区间的人数。图4-9：标准差为1.5万的情形。图4-10：标准差为3万的情形。

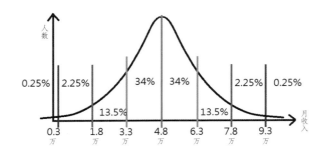

图4-9

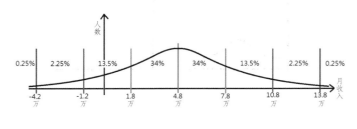

图4-10

用标准差、图表来说明，才能知道贫富差距的具体情形。我们常听到中国台湾的数学在全世界不错（如：AMC、PISA），其实这也是有问题的：我们是平均值不错，但标准差大，也就是好得很好，坏得很坏，大家的数学能力落差很大，所以必须加上标准差才更清楚。

# 4.3　数学成绩与聪明才智的关系

　　大家隐隐约约知道数学成绩与聪明才智不是直接有关系，但仍然还是把它们直接串联在一起，太多人说数学不好就是笨。在二十几年前，这种激将法还可能被接受，激起一些不服输的学生。然而在升学制度的改变、科目的增加，以及各种诱惑变大的情况下。这样的方法只会导致学生放弃数学。我们要先理解数学与成绩的关系，以应用题的题目为例，不存在乱猜能答对的情形。

　　（1）不懂数学→应用题拿不到好成绩。合理。

　　（2）不懂数学→应用题拿到好成绩。不合理。

　　（3）懂数学→应用题拿到好成绩。可能合理，也可能不合理。

　　（4）懂数学→但因为粗心，应用题拿不到好成绩。可能合理，也可能不合理。

　　由以上可以看到，懂不懂数学都有可能拿到差的成绩，所以我们还能说成绩不好就是不会数学，就是笨吗？再来看看聪明、笨与理解数学有关吗？智力测验大都是以数学的几何图案来判断IQ，而IQ以常态分布表示，见图4-11。观察IQ与人数的关系，可以发现高IQ的人也不少，但高IQ的人不一定有好的数学表现，而我们也知道有超好数学表现的人几乎都有超高IQ，见图4-12。但是坦白说这些超高IQ的人，不用教他也可以有很好的数学表现。其余IQ在中后段的学生难道就不能有好的数学表现吗？答案是否定的。芬兰经由他们的教学，已经达到了大多数人都能理解基础数学。所以除了最后面少部分的人，大部分人的IQ与理解数学无关，见图4-13。

最后回归原本的问题，基础的数学成绩跟聪明才智无关，我们应该用优秀的教材来教孩子。请别再用不好的方法教学，说数学成绩不好就是不会数学，不会数学就是笨，让孩子想放弃念数学。

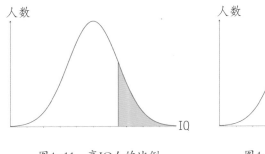 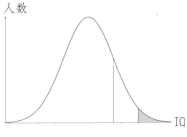

图4-11　高IQ人的比例　　　　　图4-12　超高IQ人的比例

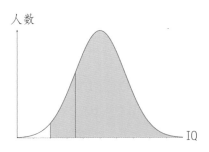

图4-13　芬兰懂基础数学的人数比例示意图

# 4.4　独立思考与创造力——我的麦吉弗故事

要让学生感觉到数学很有趣，而不是一味强调它的重要性（固然它很重要）。学生不会因为数学很有用而喜欢它。他们对数学的爱好是来自好的老师从数学奇妙的原理中引导出学生的好奇心。

——波萨门第（Posamentier），纽约市立大学数学教育教授

1985至1992年间，有一个相当受欢迎的美剧《百战天龙》，其中主角麦吉弗（MacGyver）是一位聪慧、乐观且极有创造力的探员。他尽可能使用非暴力手段对付暴力，坚持不使用枪。具有科学精神的麦吉弗，经常利用身边随手可得的简单物品（如胶带、瑞士军刀）快速组合成精巧的小工具，当场解决面临的复杂问题。麦吉弗的故事对我的启示很大，它使我领悟到：所谓创造力就是抛弃已有的思考模式，从新的角度来解决问题。然而，"抛弃已有的思考模式"说起来容易，却很难做到。以下举出几例我个人的经验来说明这个历程。

## 4.4.1　唐的小工具

我从台湾大学数学系毕业后，去纽约州立大学数学系硕士班就读，

当时要学一门必修课，叫作"复变函数论"，在台湾大学三年级时我就已经学过，所以再学一遍对我而言是件比其他同学要轻松的事。上了两个月课后，要进行第一次考试，考卷要带回家写。在看过考卷之后，不得了了，题目好难。才学两个月，很多重要的定理都还没学到，怎么可能解这些题目呢？幸好我在台湾大学已学过这门课，我就使用教授尚未教到的定理解了这些题目。可是我的疑惑仍在：是不是教授出错题目了？没有这些"尚未教到的定理"，应该不可能解这些题目。

于是我就很好奇地去问我的同学唐，他是一位19岁的青年，从麻省理工学院过来直攻博士，因为他程度比较好，我就问他：很多题目似乎要用到还没教到的定理，请问你有办法解吗？结果唐说，他想了很久，但最后还是解出来了。我大为纳闷，我要用到后面的定理才解得出来，他怎么可能解的出来？然而，看过他的解法后，我大惊失色，他居然可以用他学了两个月的东西，做出一些小定理，刚刚好把那些问题解决了。唐的那些"小螺丝起子"让我大受打击，因为我是知道大定理的人，解问题有绝对优势，就像拿个榔头把东西打散是轻而易举，但他却能用随手做出的"小螺丝起子"，把东西给拆了，他这个麦吉弗精神，让我为之震撼不已。

这就是创意，创造力！对我来说是个很大的刺激：显然我不能"抛弃已有的思考模式"，从新的角度看事物，反之，唐能够把东西彻底学懂，就能从最基础的地方出发，自己做出小工具去解决，这就是创造力。

### 4.4.2 博士论文

当我在哥伦比亚大学写博士论文时，我的指导教授给我一个很难的随机过程（Stochastic Processes）的题目，我苦思两个月后不知从何处下手，只好去问指导教授，他说："我就是不知道从何下手才需要你来做这个题目，我已看过太多与此相关的论文，不易跳脱传统的想法，或许你可以从新的角度看出端倪，若看不出，也就表示你还没有获得博士学位的水平。"

于是我在惶恐之中努力思考新的角度在哪里。两个月后，我终于在电机工程领域的数位通信论文中看到类似的问题。于是我就去电机学院修课，努力了解它们的语言及问题。很幸运地，数位通信正是我的"思考新角度"：我从数位通信的想法切入，从而解决了很难的随机过程论文题目。这个经验的启示是：大多数人有惰性，若面对问题没有压力，会倾向于既有的思考模式，只有在压力下，才会被迫寻求"思考新角度"，也就是说，创造力是在被迫必须独立思考的状况下激发出来的。我们的数学教育正好相反，学生读得太多了，脑中塞满一大堆既有的知识、标准答案和别人的想法，根本无法抛弃，久而久之，学生逐渐丧失独立思考的能力。

### 4.4.3 工研院的故事

麦吉弗精神的实践之二，是我在工研院担任电通所副所长的时候。当时有无线电通信计划，必须克服信号处理问题，在设计无线电接收线路的时候，必须从高频，降至中间频率，再降到基频，才有办法进行信号处理。因为大家都这样做，我就问工程师，是否能将三阶段变成两阶段，减少一次数学运算，那就能更有效率，IC电路板也不用占那么大的空间。

工程师后来回去想了很久，隔天回答我说，因为现在的信号处理器速度不够快，所以必须多个中间频率，否则数学运算做不来。我就跟他说，如果有一天，有新的数学运算法，就能解决这个问题。没多久，美国硅谷工程师已经克服数学运算问题，直接从高频跳到基频进行信号处理了。

### 4.4.4　贝尔实验室

我的麦吉弗精神之实践，也在贝尔实验室得到证明。我博士毕业后在美国的第一份工作是在贝尔实验室人造卫星通信部门做研究员。我的老板要我研究出一个新的算法，用来估算卫星中一个新的固态放大器（Solid-State Amplifier）所产生的噪声值。之所以需要新的算法，因为当时已有一套在卫星通信领域行之多年的著名算法，但是当应用到新的固态放大器时却产生了很大的误差。我们那个部门有三位电机博士，分别是中国台湾人、印度人与美国人，过去两年多以来，他们都试图找出原因及新方法，却徒劳无功。于是我的老板要我这个新人去试试看。两个月之内，我看了一百多篇论文，发觉所有论文都是那个行之有年的算法的变形与改进，所以我根本也不敢怀疑那个演算法是否有瑕疵，不然为何不适用于我们的放大器？

到了第三个月，我还是找不出解法，有一天，我忽然想起我以前的同学唐，当初他运用了麦吉弗精神，解出困难的数学题。于是我决定要抛开这一百多篇的论文，抛弃那个行之多年的算法，从完全不同的角度推导出自己的方法，终于我成功了。

我曾怀疑这个经典算法是否错了，终于，我证明出它的确是错了，原因在于经典算法在某种特殊函数的情况下会出现严重的误差。然而，在新的放大器出现之前，不可能出现这种特殊函数的情况，也因此行之多年都没问题。我的新方法对所有状况都成立，因此得以完全取代经典算法。虽然我的数学式子没有原来的那么漂亮，但我是对的。

### 4.4.5 结语

我所谓的麦吉弗精神，就是要学会挑战权威。这必须要有勇气，而勇气来自信心，信心来自"弄懂"基本原理。相当多的资优生都是做数学题型硬做出来的，做久了也会懂数学。但这种学习方式，通常会扼杀创造力，因为遇到没背过的题型，就会不知所措。我们的资优生就已经是这样了，更何况是一般同学。

中国社会有一种习惯，就是缺乏逻辑思考，喜欢人云亦云。不独立思考，就连最重要训练逻辑思考的数学课，都可以弄到僵化，造成逻辑推理以及独立思考的能力消失殆尽。我希望同学们要学习麦吉弗精神，让自己的人生更加有创意、更有想法，不会被别人牵着鼻子走。拥有独立思考的能力，就从学习数学着手吧！

# 4.5　克服数学恐惧情绪

很多人对数学感到恐惧，但数学直觉其实是可以培养出来的，人人有机会成为天才！

### 4.5.1　数学其实没那么可怕

打个比方，理解数学概念就像打通全身经脉。当你身体疼痛时，普通按摩师会按摩身体表层，可能身体会暂时得到舒解，但是，真正会按摩的老师，知道要按摩深层穴位，这样才有治病的效果。

数学的概念也是如此，学数学的有效方法，可以喻为进行深层的按摩。不先告诉你解答，而是先帮你问问题，通过问题去理解数学题的概念。数学教育上，大家被动太久，不敢在课堂上提问，我就先帮你问。例如：课堂上老师教如何通分 $\frac{1}{2}=\frac{2}{4}=\frac{3}{6}$，但有些人可能会想问，这个数学式可不可以变成 $\frac{1+2}{2+4}=\frac{3}{6}$？如果有这样的特殊规则也更有趣。因此，帮你问问题也是告诉你数学式子能有不同的解法与可能性，人生何尝不是如此？

另外，老师教的"通分"有时候也不一定适用。例如：王建民投球，上一个球季投出100人次，三振30人；本球季投出80人次，三振20人，请问两球季加起来，三振比率是多少？解法应该是分母与分母相加，除以分子与分子相加，三振率才能得出。而不是进行通分，进行通分就不对了！

先帮你疏通数学问题，再帮你去除恐惧，革除被老师误导不敢问问题的态度，激发兴趣，然后就可以尝试提问。心理学里有种负面制约的理论，如果学生常被老师责难，自然就被制约。这点是可以改善的。

### 4.5.2　去除恐惧，从小开始

是否可以从小时候的玩具里，让他们习惯数学图像，长大自然就有亲切感，而不再惧怕数学呢？打骂教育是否改成直觉式教育，从玩具中熟悉数学式与图案，其目的并不是想要让小孩看懂，而是让他熟悉数学这件事物。从玩中认识数学，从玩中产生愉悦，产生正面制约，看久了，也就熟悉数学式子，起码不会惧怕与陌生。

不怕数学，是最基本的教育。从游戏中学会拼图，从中可学会九九乘法表与其他数学公式，进而培养直觉。纵使发生计算错误，但由于已经有直觉图像了，也能很快发现问题，进行修正。

### 4.5.3　直觉强的人，能勇敢计算

没有惧怕，拥有直觉之后，不怕挫折，就能勇敢计算。我们可以帮助学生进行图像式的学习。克服抽象平面语言，使用立体图像、形状让

小孩容易理解，产生兴趣，建立概念后，就能上手。也可以使用计算机绘图产生视觉数学，或是使用物理、物体去诠释操作数学。图像形成记忆，小时候被打骂或是被称赞的记忆，往往在梦境中仍会一而再、再而三地出现，这是生活经验的不断重复倒带。如果我们在小时候就接触数学图像，以后就不会陌生，同时在游戏的梦境中重复倒带，自然也有加强学习、不惧怕数学的效果，而且还会有直觉式的数学反应。

有了图像组合，就会产生直觉认知。例如：我有一支笔，把这句话储存在脑中，笔的图像自然会被建立，产生记忆。对婴儿进行音乐训练法也适用同样的理论，不管他是否听得懂，只要把莫扎特或贝多芬的古典乐放给他听，他自然会潜移默化，跟着音乐律动。

### 4.5.4 从文字形成图案，倒不如从图案形成图案

直接将图案丢到脑袋中形成记忆，一定比文字再转化成图像来得快速而有效率。今天小朋友要读一本《三只小猪》的故事书，一定是记忆故事书的图案，脑袋就会出现故事脉络，而不是一味背故事文字，让小朋友产生混淆。

先让文字形成图像，再从图像去记图像，这也就是数学直觉学习的方法了。只要形成图像，有了具象化，数学就可以操作了。小学生可以很轻易操作加减乘除的数学概念，但一到分数、未知数等数学概念问题就会卡住，这是因为具象化不见了。小学生因为无法理解，产生挫折，他就不学了。如何建立图案式的操作？小婴儿对于图案操作最强烈，因此学龄前小朋友绝对可以通过玩的过程，接触到数学。初中生可能只能有七分之一的时间记忆一组图案，但是小婴儿成天玩，可能以三分之一

的时间就能记忆一组图案，效率当然是从小学习比较高。

数学好的人，通常自信心会比较高，可能因为有征服数学的成就感吧！数学好的人与数学差的人，差别可能就在自信心。当错误的学习方法被排除，自信心就会增强了，"数学还有什么难的呢"？抽象的东西去解决抽象的问题，其实并没有错，但从玩中学习抽象，直觉才更容易建立，因此才鼓励家长让家里的小宝贝从小就接触数学。

例如：念1、2、3、4、5、6、7、8、9、10，有些小朋友念的顺序对，但是在写的时候就会颠三倒四；或者是写的顺序正确，念的顺序错误。学习无法进入状态，只能用移动性与图案性的东西帮助记忆。小朋友靠着移动性与图案性的东西帮助记忆，其实动物也是如此的。像青蛙觅食，虽然苍蝇在眼前停留，但很奇怪地青蛙不会去吃它，但只要苍蝇一振翅飞走，青蛙马上张嘴吐舌捕食苍蝇。

一下子进行抽象性的符号思考，对小朋友而言，这是太难了！到了初中，抽象思考更难，但是如果小时候有直觉记忆，那他可能就会有自信心去理解。

回想小时候背九九乘法表，也是靠着图像背起来的，不是用声音或是用符号硬背下来。珠心算也是靠图像记忆，在一连串数字中，看到3和7，马上跳出10的图像，可以用图像去理解的，自然就不用抽象概念去理解。

在数学计算过程中，学校老师往往将数学式子化简，让学生摸不着头绪。例如：$Ax=B$，事实上就是$A \times x=B$。又例如$xy+yx$，学生可能会说，$xy$与$yx$是两件不同的东西，不能进行加法，但他无法理解$xy$就是$yx$，也就是$x \times y+y \times x=2xy$。在现行教育过程中，花时间建构数学式子基础，等教过了，就开始使用省略符号，像灌水一样一股脑丢给学生，因为老师假设学生已经学会了，不必再强调，但是只要学生一个环节无法理解，就无法进行演算，沦为硬背答案的机器。现行教育把太多东西挪到初中去讲了，小学所建立的直觉概念，一下子烟消云散，数学也就这样一败涂地。

学生对于"代入"充满疑惑，例如$Ax+1=3$，$x=1$，$A=$？有学生就会认为，$Ax$是一件东西，怎么可能会是两个符号相乘的产物？基于没建立图像的结果，而图像影响直觉，直觉影响信心，连带也就解不出题目。可以把未知数比作"狗"，如果在小时候看过狗，纵使几年没见过狗，但以后到别的地方看到狗，还是能知道那是狗，叫得出狗这样东西的概念，让"代入"成为理所当然。

另一个很大的不同，在于授课方式。教一个$2x+3x=5x$代数，在芬兰可以教上两个礼拜。在中国台湾，一堂课不到就可以教完。芬兰老师不赶进度，而是要让每个学生都能跟上，这就是芬兰教育的特色。

芬兰人认为，数学是一种抽象的语言，只要会了，物理和化学都不是太大的问题，因为科学基础就是数学。学习数学，时间很重要，如果切得很零散，数学是很难学好的，再怎么好的老师也没有用。这就是我们从芬兰这个国家看到，为什么这样学习数学的经验很重要。

## 4.5.5　在错误中学习，跌倒过就不害怕了

增加小孩的数学直觉，这是概率问题，还是他的数学DNA特别发达？世界上的音乐家，可能绝大部分打从娘胎起就开始听音乐了，有了环境潜移默化效果，将来就自然而然成为音乐家了。

从小就接触数学，虽然不一定能成为数学家，但是他的数学直觉力一定比别人高。学习理论有两种：一是在错误中学习，当你走路掉进

一个洞，跌过了就不会害怕；另一个是教育学习，教你有洞跌进去就会痛，产生恐惧，自然就不会跌进去了。在课堂中，老师总是会说，这题数学很难，大家要注意听。这种讲法就是教育学习，很容易造成的负面影响，阻碍学习效果。

### 4.5.6　数学教学的缺陷

目前数学教学有两个大问题：第一，教学时间不足，不像芬兰学生花时间慢慢学到每个人都懂为止；第二，为了考试，在短时间内要学生记下很多东西，学生当然会无法消化吸收，也学得很痛苦。

我的个人经验，一百个人当中，有百分之五的学生怎么样教就是学不会，他们对这个抽象概念的语言，就好比音痴，怎么样都学不会。另外有百分之五的学生，是你不用教，他们自然就会。剩下这中间百分之九十的大多数，他们需要一位好老师，只要有会教，他们就会懂，就会学会数学而且有自信。要是碰到不会教的老师，他们就完蛋。

据我的观察，大部分人学习数学感到痛苦是从初中开始。为什么？原因在于小学和初中课程转换的落差。小学学加法跟分数，这些都还算具体，算算几颗苹果或是切切比萨，都还能理解。但一到了初中，代数$x$与$y$的出现让学生整个傻住了。从具体到抽象，这中间的落差太大了。这是第一点，教材的问题。

第二点，老师没有扮演好"翻译"的角色，从具体到抽象没有详述说明，一味要求学生死背解题，这样是不对的。同学不敢问，虽然不懂，但还是努力把老师所讲的话都背下来。所以这些好学生们也许不是很懂，但是还是会做题目，因为他们乖乖听老师的话，努力去做。但是有疑问的学生得不到解惑，问题累积到一定程度，他们无法理解、就害怕数学了。

### 4.5.7　学习数学的误区

试问各位父母、同学或老师，如果我们去KTV唱歌、听别人唱就会跟着唱。但如果问到，这首歌的五线谱是怎么样，却不见得人人都会，有些人根本就不懂五线谱，但却会唱。这很自然吧！你要先会唱，才看得懂乐谱。学习音乐是这样，学习语言也是这样，先听听看别人怎么讲，自己再去讲。那学习数学也是这样吗？刚好相反，目前初中老师都是直接教学生代数，对刚接触代数的初中生而言，$x+y$是什么东西啊？谁看得懂？应该要倒过来，让学习数学像学习音乐一样，先学会唱歌、再学看谱。换句话说，我们应该先把抽象概念变得非常具体化。

### 4.5.8　数学与生活贴近

教材要贴切。我们做的数学应用题应该把抽象转为具体，目前这些既有的题目和我们生活有距离，甚至有些荒谬。像鸡兔同笼这样的"假问题"，让我们有种"学数学有何用"感觉，让他们不想学数学，这我完全可以理解。我们不应该用假问题来做应用问题，而是应用"真实的问题"。

怎么样才叫作"真实的问题"？我们为什么没办法真实？数学真实不了？因为我们把数学教育从人文历史当中抽离，让我们不晓得其中的根源。比如说，当教到一元二次方程式，老师有提到说，这是早在公元前3000年由古巴比伦人所发展出来的吗？古巴比伦人他们学这个是要准备考试、解题目吗？不是，他们要解决非常实际的问题，比方说盖房子。

数学的每一个发展其实和需求息息相关。所以，数学应该要放在人类文明发展脉络中去讲，这样数学才会有真实感。还有，和小学生解释正负观念的时候，都没有跟他们说，这些突然冒出来的概念是怎么出现的，这很难解释吧！如果我们跟学生说，这个概念我们慢慢讲，你们不会没有关系。因为在十七世纪的欧洲数学家不能接受负数的观念，认为很不可思议，负数被认为是妖魔化数字，不能接受。但早在九世纪时，印度人就发展了正负数的概念。告诉学生数学并不可怕，其实很多数学家都不懂，你们并不是那么差。

很多老师认为，学生不会数学就是笨，这样的想法是很糟糕的。不会数学不代表笨，两者之间没有关系。数学麻烦的地方只是观念难懂，好学生也许只懂了80％，剩下的20％用死记来填满。考试一样可以考得好，只是他不是全然了解。

我们现在要想出一个办法，让大家都能够完全懂、完全通。当你完全通的时候，再去记东西会比较容易，理解之后需要记忆的部分也比较少。我要讲的重点是，当下有很多新的科技，有多媒体互动技术，我们学数学就应该像学唱歌一样，先学会唱歌才看谱。当你会唱歌了之后，我相信你的谱也一定看得懂。

## 4.5.9 要有正确学习的态度

遇到复杂的题型，大家常常会不知所措，无从下手，最后只好茫然地看题目发呆。其实并没有那么难，解题跟生活经验一样。例如：1楼走楼梯到5楼，到5楼前一定先到4楼，到4楼一定要先到3楼，一步一步逆推发现，一定要先到2楼，而不是在1楼看着5楼发呆，见图4-14。处理事情也是这样，有主要目标，中间发现不足就要先去补漏洞。例如：修理机器时发现某个材料不够了，要先补货，也就是要先处理另一件事情，再来处理原本的问题。这也是数学解题的基本原则，将问题分解成一部分一部分，再依次处理。或者说，是将手上的线索先处理，遇到问题补齐需要的材料，最后一定可以解决问题。如果没有解决问题，一定是还有别的问题你没有解决。

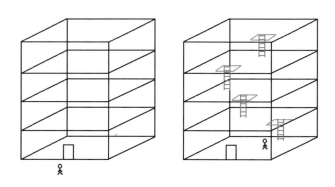

图4-14

例题：前半段路花了2小时走了4千米，后半段路花了3小时骑脚踏车骑了16千米，请问整段路速率为何？很明显的我们必须先找出整段路的总路程与总时数，也就是到3楼必须先到2楼的意思，或事先补货的意思，先处理另一个问题，最后才能回答原本的问题。总路程20千米与总时数5小时，速率是20÷5=4，时速4千米。

只要我们可以逐步地解决小问题，那整个问题一定可以得到答案。所以数学没你想的可怕，慢慢思考，有耐心一定可以用学过的技巧解出题目。很多学生有畏难情绪，其实已经理解各个小阶段的原理，如果题目需要很多步骤，充其量是很多个简单题目的叠加，或可称作是复杂，但绝不是难。很多时候学生都因为自己的恐惧，使得数学能力下降了。

如果这题解不出来，肯定是有比较简单的题目还未解出来。

——波利亚（George Pólya），匈牙利裔美国数学家和数学教育家

### 4.5.10　数学好的人的想法

我们可由以下小故事认识数学家与物理学家的差别：有空水壶在桌上，要如何得到热开水？答案：装水后，再放到燃气灶加热，见图4-15。

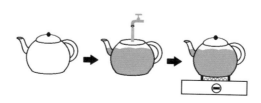

图4-15

下一个问题：有水的水壶在桌上，要如何得到热开水？物理学家：直接放到燃气灶加热，见图4-16。

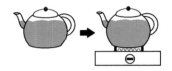

图4-16

数学家：把水倒掉，重复空水壶得到热水的过程，见图4-17。

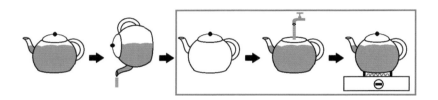

图4-17

为什么数学家会这样做？因为物理学家把每一件事情看作独立的新问题，找出最快的方法。数学家是直接用过往的经验，所以也可以说数学家是一群懒得动脑的人。从这个例子我们就可以知道数学家与物理学家的差异性。

*你知道我们成为数学家的原因都一样：我们懒。*

*——罗森利希特（Maxwell Rosenlicht），美国数学家*

　　一个干净的桌子是一个记号，代表脑袋空空。花时间整理桌子，你是疯了吗？

——罗宾斯（Herbert Robbins），美国数学家、统计学家

### 4.5.11　数学对未来职场的重要性

　　我们长大了是不是就不需要学习数学了？因为我的工作不会碰到除了加减乘除以外的东西？这些推论其实是倒因为果，为什么？因为你只会加减乘除，超过这些之外的就不愿意去看，你也看不到。比如说，我们有很多工程师会安装很多从美国买来的保密软件，但保密机制，事实上就是数学。因为不懂，所以只好跟别人买，这就是知识经济。就好像制作现在很热门的动画，需要很多好的绘图工具，绘图工具背后有很重要的几何学，我们跟别人买的绘图工具所费不赀，再来做加工，卖给别人，我们只赚加工的钱，是谁比较聪明？是谁把钱赚去了？是被懂数学的人赚去，还是只会使用的人赚去了？

　　因此我们说数学只要学加减乘除，这道理是不通的，除非你不想跟上时代的脚步，不想具有竞争优势。不懂数学，就没办法做好基础与创新研究，工作范围会受很大限制，这很可怕。特别是在这个数字化的时代，很多时候追根究底到最后是比数学能力。一个国家如果多数的工程师、科技人才无法真正学会数学，只能用别人创造的东西，创新机会自然会少。

## 4.6 进入社会后，数学很少用得到，
## 为什么要学那么多

　　数学可以让我们学到很多，请参考图4-18，但在生活中用不到那么多，可以对应工作需求去学习应该要会的数学能力就好。既然生活中用不到那么多数学，为什么我们都要学那么多、那么深的数学？

　　大家都知道盖建筑物，要越稳才能越高，数学人才的分布如同金字塔一般，下层越宽，上层才越多。数学人才越多，科技才能更进步。以数字来说的话，假设产生数学天才是万分之一的概率，所以一亿人学习产生天才的可能性远比一百万人大；其次在这科技发达、生活舒适的年代，天才也容易放纵，所以我们当然需要尽可能的让大家都学数学，以期待喜欢数学的人出现；最后，让大家都能学数学，也是为了大家有一样的受教育权，不要有所不公。

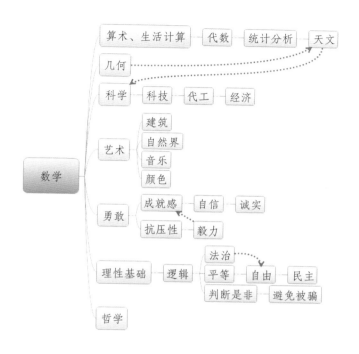

图4-18

　　所以由"增加学数学的人数""数学是科技之母""公平的受教权"三点可知，社会要求我们学那么多、那么深的数学的原因。但我们仍可以在不同时期做取舍，以中国台湾为例，在高中阶段分文理组，或是职业学校。分科后学的数学都有差异，而求学过程中学到的数学，就是将来可能会用到的数学。

　　那既然我们用不到那么多那么深的数学，又该最注重什么？答案是数学所带来的理性基础，也就是逻辑性。古希腊人说过："学习数学是唯一通往民主的方法。"为什么这样说？民主是以民为主。如何让掌权者以民为主，就是永远不信任他，或说是监督他避免他出错。让掌权者认真小心地做事，所以必须一切摊开给全体民众看。如果把民主误会成多数决，基本上很大可能会变成多数的暴力，以及选出代表来多数决，但如果不能监督代表，或是代表只服务自己跟所属阵营，请问这是民主吗？这些都不叫民主。

民主的情况与学习数学一样。学生发问后，老师一定要让学生相信，不存在我是老师，我是权威，我说了就对的情形。数学是特别需要理解的科目，不像是历史记录只能靠背的，或是文法只能靠背。学习数学可以培养人文气质，老师与学生是平等的，可以自由发言，而发言必然需要秩序，也就能延伸到法治。另外，逻辑可以让我们言之有物，说话有条有理、不会自我矛盾，避免误会而起争执，变相来说增加社会秩序。

# 4.7 高斯的故事——活用创造力

在十八世纪，德国哥廷根大学，高斯的导师给他三个数学问题。前两题很快就完成了，但用标尺做图做出正十七边形的第三题，毫无进展。最后高斯还是用几个晚上完成了，见图4-19。导师接过作业，惊讶地说："这是你一人想出来的吗？你知道吗，你解开一个从古希腊时期到现在的千古难题！阿基米德没有解决，牛顿也没有解决，你竟然几个晚上就解出来了。你是个真正的天才！"

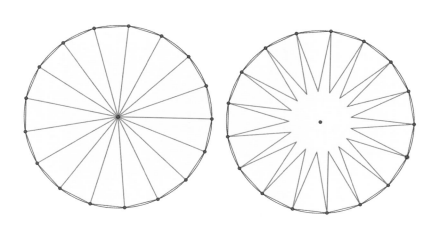

图4-19 因为正17边形太接近圆形，故以17星形表示

为什么他的导师没跟高斯说第三题是千古难题？原来他的导师也想解开这难题，不小心将写有这道题目的纸也给了高斯。当高斯回忆起这件事时，总说："如果告诉我这是数学千古难题，我可能永远也没有信心将它解出来。"

高斯的故事告诉我们：很多事情不清楚有多难时，往往我们会以为是能力范围内的，从而能使用一切方法，创造出新的方法来完成。没有预设立场，没有被告知这题很难，就不会被它吓到，会更有勇气作好。

由此看来，真正的问题，并不是难不难，而是我们怕不怕，以及能不能活用一切已知的方法与基础概念。

高斯还有哪些广为人知的故事呢？高斯小时后就展现相当高的数学能力，老师因为课堂上太吵，出了一道题目1+2+3+...+100=？高斯很快就解答出来。这是肯定可以解出来的题目，但高斯懒得逐步计算，运用他的创造力，想出一个方便计算的方式。算法是：一行按照顺序写，一行按照顺序逆写，两行加起来除以2，就是答案。

顺：　　　1　+2　+3　+...+100

逆：　　　100+99　+98　+...+1

101+101+101+...+101

一共100组，所以1+2+3...+100=101×100=10100

但是这是2倍的答案，所以要再除以2，10100÷2=5050

高斯因为这个的发现，得到了只要是差距一样的数字排列，求和就有一个公式，总和=$\dfrac{（首项+末项）×数量}{2}$。高斯的老师布特纳（Buttner）认为遇到了数学神童，自掏腰包买了一本《高等算术》，让高斯与助教巴陀（Martin Bartels）一起学习。经由巴陀，高斯又认识了卡洛琳学院的齐默尔曼（Zimmermann）教授，再经由齐默尔曼教授的引荐，觐见费迪南公爵（Duke Ferdinand）。费迪南公爵对高斯相当地喜爱，决定援助他念书，而高斯也不负期望，在数学上有许多伟大贡献：

· 在1795年发现二次剩余定理。

· 两千年来，原本在圆内只能用直尺、圆规画出正三、正四、正五、正十五边形，没人发现正十一、正十三、正十四、正十七边形如何作图。但高斯在18岁时，就发现了在圆内做正十七边形的方法，并在19岁前发表在期刊上。

· 在1799年高斯发表了论文：任何一元代数方程都有根，数学上称"代数基本定理"。

· 1855年2月23日高斯过世，1877年布雷默尔奉汉诺威王之命为高斯做了一个纪念奖章。上面刻着"汉诺威王乔治五世献给数学王子高斯"，之后高斯就以"数学王子"著称。

# 4.8　为什么要学一堆几何证明

> 不论教师、学生或学者，若真要了解科学的力量和面貌，必要了解知识的现代面向是历史演进的结果。
>
> ——库朗（Richard Courant），德裔美国数学家

"为什么要学一堆几何证明？"这个问题可以连同"数学与物理的关系"一起回答。很多学生对于几何证明的题目数量非常多感到有疑问，固然几何证明可以学习逻辑，但基础概念理解后其他仅是练习，为什么有那么多题目？中世纪的僧侣，因战争避世而研究几何问题，并把它当作智力游戏，甚至是当作艺术创作，所以产生大量的几何证明题。

僧侣为什么要研究数学，而不是其他科目？因为在西方的文化里，理性占很大一部分，并且神学、哲学、数学的关系是密不可分的。同时更早的古希腊时期的大哲学家柏拉图也曾说过："经验世界是真实世界的投影。"其意义为：我们身处的世界具有很多数学规则，有些已经理解成为了经验，有些是由这些组合成为新的经验，但仍不够完善。所以学习数学的目的是为了解神创造世界的原理。

为什么从数学切入，而不是从其他科目切入，如物理和化学？因为科目本质性的不同，可以从几个角度来讨论原因：

### 1.出错修正的概率

数学是零修正，唯一要修正的情形，仅在取有效位数产生的误差，如：圆周率。

物理、化学则是随时代进步而修正模型公式。

### 2.研究的方式

数学是演绎逻辑的学问。

物理、化学是经验科学，科技进步就会更改，如：抛物线的轨迹、四大元素论到现在的元素周期表。

### 3.由真实经验假设最基础的情形

数学是以可理解的、不必再质疑准确性的道理作为最小元件。如：$1+1=2$。再以此基础来组合定义新的数学式，且不需质疑（与自然界作对比）、验证。所以数学进步可视作由小元件到大物品的组合。

物理、化学是以现阶段观察到的情形为基础，若因科技进步，观察到在更大的范围不符合，就必须修正原本的理论。如：牛顿力学与爱因斯坦的相对论。或者会因科技进步，观察到更精细的元件，而修正原本的理论。如：四大元素→元素周期表→电子中子→夸克→超弦理论。并且修正理论后，需做实验才能确定正确性。所以物理、化学的进步，可视作推广到更大的范围也成功、推广到极小部分也成功。

### 4.数学家与物理学家、化学家目标不同

数学家组合出新数学式后，并不知道可以用在哪里，只知道演绎出来的结果是正确的，并认为这具艺术美感，不知道也不在乎有何意义，

可能未来有一天就有用了。例子1：哈代的数论研究。他明确说就是研究一堆与现实没关系，却正确又美丽的数字，但在哈代死后的五十年内却被大量用在密码学上；例子2：数学家卡当在研究虚数 $i=\sqrt{-1}$ 时，不知能有什么应用，但后来发展成复变函数理论，成为近代通信的基础。

物理学家与数学家就相当不同，是先有目标，再寻找适当的数学式，并验证，但有可能不符合而需要修正。有些时候他们也会与数学家合作找出适当的数学式。

当然，早期的物理学也是有研究出不知能做什么的情形，法拉第发现电与磁关系，做成了马达，展示给国王看，见图4-20。国王问说能干啥？法拉第回道："不知道，但总有一天能从依此原理做出的器械上抽取税赋。"后来，果然从依此做出的器械上抽取税赋。

图4-20　1827年的马达，取自维基共享

结论：讨论数学，对于研究真理是具有成效的。也要明白，数学不是科学，而是帮助描述科学的语言。如果我们对学习数学感到不舒服、不理解是不对的。数学建构在逻辑之上，不熟悉要多练习、不理解要多思考。但总不会突兀地多了一个新的方法，令人不舒服、不理解。数学

的产生虽不像物理、化学全因现实需要而产生，但也是因计算需要而产生。数学家庞加莱说："如果我们想要预见数学的将来，适当的途径是研究这门学科的历史和现状。"如果对于数学学习不理解、不舒服，并且死背内容，缺乏思考，变相来说就是影响了数学未来的发展。所以可以把数学家庞加莱这句话延伸到另一个层面："如果我们想要在学习数学时保持直觉性与创意性，适当的途径是研究这门学科的历史和现状。"